Guérir la Terre

Une coopération avec les forces subtiles de la planète

La vie sur terre est faite d'un entrelacs savant
de mondes et forces en partie visibles

Daniel Perret – Guérir la Terre

La Création
Une méditation perpétuelle

s'émerveiller > rendre hommage > coopérer

Tous mes remerciements à Isabelle Drai pour la correction du texte. Ce livre est le fruit d'une coopération avec de nombreux êtres invisibles à nos yeux. Je les remercie.

© Juin 2019 Daniel Perret
Publisher Books on Demand GmbH
12/14 rond point des champs Elysées
75008 Paris, France
Printed by Books on Demand GmbH
Norderstedt, Deutschland
ISBN : 9782322017706

Version allemande 'Erd Heilen' publié chez BoD en 2018 sous ISBN 9782322122264

Daniel Perret – Guérir la Terre

J'ai fait un cauchemar. Je voyais des lacs morts, sans aucune vie. Un des lacs brûlait du fait de sa pollution. Des fleuves étaient recouverts d'une couche épaisse de mousse blanchâtre. Le lit d'un fleuve sans eau servait de dépotoir pour des vieilles machines et des déchets en tous genres, les égouts des immeubles proches s'y déversaient directement. Je voyais des enfants dans des hôpitaux portant des masques à gaz à cause de la pollution de l'air, des enfants qui, chez eux à la maison, devaient porter des masques cachant leur nez et leurs bouches afin de se protéger de cette pollution. Je voyais des villes, qui des jours durant n'apercevaient pas la lumière du soleil et enfin ce vieil homme qui pêchait dans le port de sa ville par habitude, pendant que non loin de là, des camions déversaient les déchets de la ville directement dans la mer.

Ce n'était pas un cauchemar, mais des extraits de reportages à la télévision. Je n'en croyais pas mes yeux. Aucun animal n'aurait l'idée de salir son propre nid comme nous les humains le faisons. Dans le même reportage le commentateur disait que chaque année des millions d'êtres humains mouraient à cause de la pollution. Cupidité, ignorance et bêtise sans limites.

Dans ma ville natale de Zurich je me rappelle regarder l'eau depuis le pont principal sans jamais voir le fond du fleuve Limmat. Puis, au début des années 60 les stations d'épuration devinrent obligatoires pour les communes bordant le lac de Zurich. Aujourd'hui, et cela depuis des années déjà, on peut voir le fond du lit à travers l'eau limpide. La volonté d'une communauté peut tout changer, même des situations en apparence sans espoir.

Daniel Perret – Guérir la Terre

« Je suis le fleuve et le fleuve est moi.
Je suis la Terre Mère et la Terre Mère est moi. Nous tous sommes en symbiose totale
avec tout le vivant. »

Femme Maori à la commémoration de
la journée de la Terre Mère aux Nations Unies, le 22.4.2019

Comment pouvons-nous penser que la beauté et la construction sophistiquée d'un arbre, d'une fleur, d'une abeille ou d'un enfant puissent être le seul fruit du hasard d'une évolution, sans être conçue par une myriade d'êtres divins hautement qualifiés. DP

Nous oublions souvent que nous *sommes* la Nature, nous sommes une partie inséparable de ce que nous nommons l'environnement. La Nature n'est pas quelque chose de distinct de nous. Ainsi quand nous disons que nous avons perdu notre connexion à la nature, nous avons perdu notre connexion à nous-mêmes.

Andy Goldsworthy

Nous tous vivons de la terre, elle nous donne la vie. Comment peut-on sérieusement penser que ce qui donne la vie, serait sans vie ?

Dirk C. Fleck

Une forêt est-elle un organisme vivant complexe, habité par une multitude d'êtres, visibles ou non, ou est-elle simplement de la biomasse qu'on peu raser en coupe claire, écrasant tout avec des engins forestiers de plus en plus lourds, laissant derrière eux un champ de bataille ?

Pour plonger directement dans quelques-uns des récits :
Interview avec un esprit de la nature du 5ème type : page 242
Demandes de Dévas et d'anges du paysage : page 196
La guérison d'Auschwitz ou le challenge actuel du fascisme en Europe : page 187
La Vierge Noire et Gaïa : page 174

Daniel Perret – Guérir la Terre

Table des matières

Préface - 11
Introduction - 19
1. **Mondes parallèles – un seul système** - 33
   - 1.1. Une communauté d'êtres sensibles
   - 1.2. nos champs énergétiques humains
   - 1.3. les champs énergétiques des plantes
   - 1.4. les champs énergétiques des animaux
2. **L'invisible et la question des croyances** - 47
   - 2.1. nos partenaires invisibles
   - 2.2. nos croyances et les obstacles qu'elles créent
   - 2.3. notre méfiance du 'monde d'en bas'
   - 2.4. perception et communication
3. **L'Organisation de l'invisible** - 63
   - 3.1. Le champ Divin et les 21 sphères
   - 3.2. Les anges des communautés humaines - 66
     - 3.2.1. Les principes d'une coopération
     - 3.2.2. Esprits de nos villages et quartiers
     - 3.2.3. Anges des lieux de culte
     - 3.2.4. Esprits des entreprises, associations etc.
     - 3.2.5. Anges des nations ethniques
     - 3 2.6. L'ange de l'Europe
     - 3.2.7. Heptagrammes écrins du paysage
   - 3.3. Esprits de la nature au sens large du terme - 79
     - 3.3.1. Etres élémentaux (gnomes, ondines, etc.)
     - 3.3.2. Dévas
       - Les Triades
       - Dévas des arbres
       - Dévas de groupes de plantes
       - Dévas des parcelles
       - Hiérarchie des Dévas (reines, princesses, …)
     - 3.3.3. Les Dagdas
   - 3.4. La hiérarchie des anges dans la nature - 102
     - 3.4.1. Anges du paysage
     - 3.4.2. Anges régionaux
     - 3.4.3. Anges des nations

- 3.4.4. Anges des continents
- 3.4.5. L'Ange du monde
- 3.5. Les structures sous-jacentes d'énergie - 110
  - 3.5.1. Les Cercles d'énergie dans la nature
    - Les zones d'influence des êtres
    - Les cercles des Trônes
    - Cercles druidiques et les 3 initiations
    - Cercles d'influence des grandes cultures
    - Cercles provenant d'activités humaines
  - 3.5.2. Vortex et colonnes d'énergie
  - 3.5.3. Les 12 grilles énergétiques de la Terre - 123
    - grille No 1 de Hartmann
    - grille No 2 de Curry
    - grille No 3 'néolithique'
    - grilles transitoires No 4 et 5
    - grille de l'âge de bronze et fer No 6
    - grille de l'an 1000 No 7
    - grille des cathédrales No 8
    - grille mentale No 9
    - grille mentale de 1940 No 10
    - grille mentale No 11 du futur
    - grille spirituelle No 12
    - autres lignes (leylines, etc.)
- 3.6. L'origine des lieux sacrés - 136
  - 3.6.1. Le terme 'sacré'
  - 3.6.2. Les lieux sacrés des Trônes
  - 3.6.3. Les grilles énergétiques des lieux sacrés
  - 3.6.4. Les 4 reines : Sophia, Reine Noire, Bridget, Kali
  - 3.6.5. Les lieux sacrés créés par l'être humain
- 3.7. Les autres mondes parallèles - 147
  - 3.7.1. C'est quoi au juste un esprit ?
  - 3.7.2. Esprits des formes
  - 3.7.3. Etres du monde magique
  - 3.7.4. Etres du monde mythologique
  - 3.7.5. Les insectes
  - 3.7.6. Le monde des âmes humaines
  - 3.7.7. Extraterrestres
  - 3.7.8. Autres mondes

    3.7.9. Esprits des machines, des sons et instruments
    3.7.10. Mondes des forces contraires

4 Terre sacrée – lieux sacrés - 159
  4.1. Guérir la Terre et se guérir soi-même
    4.1.1. Les 5 éléments et zones de notre corps
    4.1.2. Transformation des trois premiers chakras
    4.1.3. Le Terre Mère – l'ancrage profond
  4.2. Les mandalas énergétiques des lieux sacrés - 165
  4.3. Le rôle des Trônes et de la Terre-Mère - 166
  4.4. Lieux sacrés d'hier et d'aujourd'hui - 167
    4.4.1. Les collines de cultes du néolithique
    4.4.2. L'orientation des églises en Dordogne
    4.4.3. L'orientation des églises en Bretagne
  4.5. Sitting Bull et le Malentendu néo chamanique - 172
  4.6. La Vierge Noire et Gaïa - 174
  4.7. Le Créateur - 180
  4.8. Le Saint Esprit - 181
  4.9. L'impulsion christique - 182
  4.10. L'activation d'un lieu sacré - 183
  4.11. L'énergie d'un lieu - 185
  4.12. Faire l'expérience bénéfique d'un lieu - 186
  4.13. La guérison d'Auschwitz – 187

5. Changements – adaptations – guérison - 191
  5.1. Les causes exogènes – d'origine 'divine'
    5.1.1. Changements climatiques ?
    5.1.2. Impulsions du zodiaque
    5.1.3. Retrait de certains anges
    5.1.4. L'apparition des élémentaux du 5ème type
    5.1.5. Vague d'énergie de 2016
    5.1.6. Réorganisation des anges du paysage
    5.1.7. Demandes de Dévas et anges du paysage
    5.1.8. Demandes de très grands élémentaux
    5.1.9. Demandes d'anges des régions d'Europe
    5.1.10. Demandes d'anges des nations
    5.1.11. Demandes d'anges des nations ethniques
    5.1.12. Demandes des anges des continents
    5.1.13. De la guérison locale à la guérison globale

5.1.14. L'introduction des nouvelles grilles d'énergie
 5.1.15. L'apparition de la grille No 10 en 1940
 5.1.16. L'apparition des Dagdas vers 2004
5.2. Les causes endogènes – d'origine humaine - 213
 5.2.1. Epidémies et déséquilibres planétaires
 5.2.2. Guerres et conflits
 5.2.3. Espèces envahissantes (plantes et nuisibles)
 5.2.4. Anges déchus des églises et autres lieux
 5.2.5. Catastrophes 'naturelles'
 5.2.6. La dégradation de la qualité de nos sols

6. Soins à distance – prière – rituels de guérison - 219
6.1. Les soins à distance
6.2. Une variante de la méthode biodynamique - 222
6.3. Croyance, Amour et coopération - 224
6.4. Fluctuations de l'esprit de l'Europe en 2015 et 2016 - 225
6.5. Anges ou esprits de villages, quartiers et villes - 226
6.6. Méditations utilisant sons et voix - 226
6.7. Le travail avec le cristal - 228
 6.7.1. Phénomènes énergétiques autour du cristal
 6.7.2. Méditations sur l'énergie
 6.7.3. Régénération et guérison globale
6.8. Map-Art ou la cartographie subtile du paysage - 233
6.9. Prière et travail énergétique – 233

Appendices - 237
1. Les 21 sphères du champ Divin
2. Interview avec un esprit de la nature - 242
3. Qui est C ? - 250
4. Méthodologie - 251
5. Liste de lieux sacrés et d'églises - 252
6. Quelques points au-dessus de la tête - 257
7. Les 4 couches de l'éthérique - 259
8. Les 7 niveaux d'abstraction et de compréhension - 261
9. Mot de la fin du Dagda – 262

Bibliographie
Glossaire

« Il y a quelque temps je croyais que les plus grands problèmes environnementaux étaient la disparition des espèces, l'effondrement de l'écosystème et les changements climatiques. J'étais convaincu que 30 ans de bonnes sciences pouvaient régler ces problèmes. Je me suis trompé. Les plus grands problèmes d'environnement sont l'égotisme, la cupidité et l'indifférence, et pour y remédier nous avons besoin d'un changement culturel et spirituel. Et nous les scientifiques nous ne savons pas comment faire cela. »

Gus Speth,
prof. de politique environnementale
de l'Université de Yale

Comment sortir de l'impasse :
« Je ne trouve que ça : cette espèce de révolution spirituelle, …où on parle d'éthique, de morale, d'honnêteté, et peut-être aussi de gentillesse, de bienveillance, peut-être simplement… la conscience amoureuse. »

Yann Arthus-Bertrand

« On ne pourra pas survivre sans reconnaître notre lien d'interdépendance avec les éléments de la nature, les espèces et les systèmes vivants. »

Valérie Cabanes
juriste appuyant la
reconnaissance du délit d'écocide

Préface

Bien des dérèglements sont les conséquences de notre ignorance et des fausses priorités qui en découlent. En tant que civilisation nous nous trouvons dans de sérieux culs-de-sac sans vraiment savoir comment en sortir.

L'ampleur inouïe de la pollution environnementale de l'air, de l'eau et de la terre a créé énormément de souffrance et cela pas uniquement chez les humains et les animaux. De nombreux films documentaires, la presse ainsi que des rapports scientifiques en témoignent. Même s'il n'est pas exclu que la souffrance soit un moteur essentiel de l'évolution, il y a de quoi s'inquiéter. Au vu de la lenteur extrême à laquelle l'humanité semble apprendre de cette situation catastrophique, cette souffrance risque de s'accentuer dans les années à venir.

Notre ignorance concerne aussi la dimension invisible du monde ainsi que sa souffrance. Cela est d'autant plus tragique qu'il est difficile de réaliser des documentaires sur ce monde invisible.

Nous commençons à peine à entrevoir comment tout est interconnecté et combien nous faisons partie d'un seul et unique système qui englobe toute vie. Il ne s'agit pas « d'environnement » mais de notre habitat, de notre chez-nous. Cela est ma conviction profonde : sans inclure tous les êtres sensibles dans ce 'chez-nous', il n'y aura ni paix, ni bien-être, ni guérison de nos problèmes « d'environnement ». Mais qui fait partie des « êtres sensibles » ? Y a-t-il des êtres sensibles invisibles ? J'y reviens dans le premier chapitre.

Avec ce livre je tente de dessiner une prise de conscience comprenant tous les êtres concernés. Je donne un aperçu de l'existence de cette partie invisible et essentielle de notre système commun. Les photos et illustrations dans ce livre essayent de rendre l'invisible, sinon visible, du moins compréhensible et palpable.

Nous ne pouvons pas nous contenter de placer dans le terme 'écologie' uniquement ce qui nous arrange, car l'harmonie est le vivre ensemble respectueux de tous les êtres concernés, qu'ils soient visibles ou invisibles. Ainsi nous devons aller à la rencontre de la sagesse du fleuve, de celle de l'arbre et nous rendre compte que ces sagesses proviennent d'êtres avec une très longue expérience.

La régénération de la terre doit être fondée sur une coopération de tous les participants. J'en suis convaincu : savoir, sagesse et technologies nécessaires à la solution de nos problèmes écologiques existent. Les êtres invisibles tiennent à notre disposition encore bien des surprises à cet égard. Mais le changement de nos attitudes est indispensable, car nous n'allons pas trouver d'esprits sympas, qui vont continuellement nettoyer derrière nous. Nous n'apprendrions et ne changerions jamais. Comme disait mon maître Bob Moore : "Les déchets chimiques ne sont pas à l'origine de la pollution mais bien notre façon de penser."

La régénération et guérison de la terre commence par nous-mêmes, car c'est notre horizon personnel qui nous permet de percevoir le monde. Il faut élargir cet horizon. Ceux qui ont un bon contact avec leur for intérieur et leur corps (notamment les trois chakras ou centres énergétiques du bas du corps), ceux-là n'auront pas l'idée de maltraiter des animaux, des êtres humains, des insectes, des plantes, des arbres ou la terre.

La guérison de la terre passe par le changement de nos attitudes et de nos habitudes de consommation. Nous commençons à comprendre qu'une croissance quantitative, basée sur le seul PIB (produit intérieur brut) doit être remplacée par une croissance qualitative, passant du 'toujours plus' au 'toujours mieux'. Il n'est pas dans mon intention de négliger ce dernier point, même si cela n'est pas au centre de ce livre.

De toutes les sciences c'est la physique quantique qui a avancé le plus loin dans le domaine de l'invisible et des phénomènes énergétiques. D'autres comme les neurosciences ont du mal à se détacher du cerveau physique pour se pencher sur l'importance du champ mental qui l'entoure. Si l'on n'inclut pas ce champ dans les recherches, la compréhension des processus mentaux au-delà du seul intellect bute contre un plafond de verre. Le professeur en biologie Stefano Marcos décrit dans un livre récent 'L'intelligence des plantes' leurs vingt sens. Il a découvert que leur communication, lorsqu'elle ne passe pas par les racines, se sert des parfums. Ceci porte sa recherche aux abords de l'invisible et de la réalité subtile que je vais explorer dans ce livre.

Pour nos recherches dans le domaine de l'invisible nous avons une aide précieuse :   c'est l'énergie et ses structures. La perception de structures et mouvements d'énergie est un enseignement objectif et pragmatique. C'est en observant dans la nature durant des années des colonnes d'énergie de différentes tailles que cette découverte du monde invisible et de ses êtres a commencé pour moi. Je voulais absolument comprendre la fonction de ces colonnes.

L'interprétation des phénomènes énergétiques perçus se base sur notre expérience et notre clarté de motivation. L'énergie nous ouvre la compréhension vers toute la dimension invisible de la vie, l'énergie étant en quelque sorte le langage des 'dieux' mais plus exactement des êtres invisibles. Les structures énergétiques qui nous dévoilent l'aspect sacré de notre paysage sont à la base : cercles, lignes, points, colonnes, croix, triangles et carrés. Ces structures nous révèlent les êtres et créations de 'la terre mère' (Dévas, esprits de la nature, élémentaux, grilles énergétiques*) ainsi que les êtres de la hiérarchie angélique ou du 'ciel père'. L'énergie et ses structures sont un langage qu'il faut apprendre à déchiffrer, un peu comme toute langue écrite ou les hiéroglyphes égyptiens. Derrière le terme 'énergie' se révèlent à nous des êtres qui utilisent ce langage pour communiquer avec nous, des êtres pleins de sagesse et d'un savoir vieux comme le monde.

*) pour les définitions des termes et concepts veuillez vous référer aux endroits indiqués dans la table des matières puis au glossaire en fin de livre. Le terme Déva vient d'Inde. Pour les esprits d'arbres, spécialement le chêne, certains utilisent le terme grec 'dryades'. Les Celtes l'ont certainement connu sous un autre nom encore.

En quelque sorte nous ne nous trouvons qu'au début de l'étude de l'énergie. On a beaucoup écrit sur les chakras et leurs couleurs, mais cela reste trop souvent très superficiel. Très peu de gens ont vraiment étudié sérieusement l'énergie, les champs énergétiques et les enseignements qui en découlent. Ce livre est essentiellement basé sur des observations de structures d'énergie dans la nature. Leur interprétation est fondée sur nos croyances.

Je viens de la guérison spirituelle et de son approche de l'énergie. Je l'ai étudiée avec un guérisseur irlandais, Bob Moore, durant 20 ans. Avec lui nous avons appris en premier lieu à percevoir et à comprendre les différents champs énergétiques de l'être humain. Depuis qu'il a arrêté d'enseigner je continue à les explorer et à les enseigner. J'ai publié plusieurs livres dans la série 'La Science de la Guérison spirituelle'. [4, 5, 6, 7, 9] Dans mon observation j'ai été progressivement guidé des champs énergétiques de l'être humain vers les champs d'énergie dans la nature.

La guérison spirituelle cherche à placer tout problème dans son contexte spirituel et à comprendre sa vraie fonction profonde. Les problèmes ne peuvent pas être résolus par le niveau qui les a créés. Ainsi la solution de bien des problèmes environnementaux se trouve au niveau de la coopération, consciente ou non, avec des êtres de lumière ou spirituels. Il s'agit d'êtres invisibles avec un grand savoir, respectant notre libre arbitre et agissant sans aucune motivation égotique. Notre culture les a ignorés pendant longtemps. Il est temps de voir comment ils peuvent contribuer. Je compte vous les présenter.

L'approche spirituelle cherche à opérer au-delà des émotions douloureuses, des considérations de l'égo et du seul intellect. Cela a aussi comme avantage de ne pas mener de faux combats et d'éviter que nous nous perdions dans la critique éternelle des autres, dans les complots conspirationistes, le désespoir, la colère sans fin ou l'apitoiement sur nous-mêmes. Cette approche nous permet ainsi de garder l'initiative dans ce que nous pouvons faire et contribuer en tant qu'individu et membre d'une communauté : "Pensée globale, action locale."

Notre cœur joue un rôle essentiel dans tout ce processus. L'approche spirituelle peut se résumer à une approche avec le cœur. C'est simple et complexe à la fois. L'ouverture du (chakra* du) cœur est le résultat de la transformation des trois chakras du bas, ce qui n'est pas facile à effectuer. D'où l'importance de faire en sorte que cet aspect de transformation personnelle nous accompagne constamment. J'y reviens plus loin dans ce livre. L'approche spirituelle n'est donc pas une théorie mais le fruit d'un travail sur soi.

***chakra** : centre d'énergie subtile de l'être humain, apte à être transformé vers son pôle spirituel, non-égotique

"Notre cœur est l'endroit où nous pouvons faire l'expérience de la beauté – dans la nature, à travers l'art, ou chez un enfant – mais aussi de la souffrance qui nous entoure. Notre cœur est aussi la porte vers la dimension spirituelle d'où nous viennent les inspirations spirituelles ou divines. Le cœur est également l'endroit d'une transformation durable." ...de la souffrance.   (extrait de mon livre [9])

Ainsi dans ce que nous pouvons appeler la géobiologie spirituelle, l'accent est placé sur l'habitat au sens large du terme :   les paysages et ses êtres et énergies invisibles qui régissent le tout : anges du paysage ou des communautés humaines (villes, villages, nations, etc.), esprits de la nature, les grands élémentaux ainsi que des forces bien plus grandes encore. Lorsque l'optique spirituelle fait défaut, la tendance à ne voir que des problèmes et des dangers risque de prendre le dessus. Au niveau spirituel il n'existe pas d'opposition entre le mal et le bien. Il n'y a que des phénomènes et leurs conséquences. La nature, l'énergie, la terre, les êtres invisibles ainsi que notre civilisation ne sont pas des menaces en soi. Dans la guérison spirituelle les énergies universelles à fréquences très élevées d'amour, lumière et vérité pénètrent les fréquences plus basses de la peur et de l'ignorance. Elles les transforment durablement.   (voir aussi appendice 4 sur ma méthodologie)

Bien évidemment nous faisons partie de l'équation. Car ce n'est pas uniquement le manque de savoir qui a produit les problèmes de notre planète. Il y a la cupidité, l'ignorance et le manque de compassion. Depuis longtemps on sait très bien comment éviter les millions de morts dus à la pollution et comment nettoyer cette pollution. Mais ce ne sont ni les gouvernements ni quelques individus qui vont le faire pour nous. Des actions collectives, un éveil collectif sont indispensables. C'est ce qui semble se mettre en place.

Dans ce livre je vais au-delà des savoirs communément considérés comme acquis. A l'aide du collège d'esprits 'C' nous ouvrons des fenêtres vers des territoires encore peu explorés par nous les humains. Cela étonne peut-être certains lecteurs, comme cela m'a aussi étonné moi-même. Ce collège d'esprits est ce qu'on appelle un 'think tank', groupe d'étude et de recherche, un groupe de sages ou encore une fabrique à idées (je les présente dans l'appendice). Ensemble avec eux nous explorons ce qui se trouve derrière les seuls phénomènes visibles. Ce livre n'aurait simplement pas vu le jour sans ces êtres hautement qualifiés et leur savoir étonnant. Bien des réflexions présentées dans ce livre ne proviennent pas d'autres livres mais de 'C'. J'ai fait de mon mieux pour interpréter leurs réponses et indications. Ceci dit, je ne suis pas infaillible. Ce livre donne donc un aperçu assez complet sans prétendre être l'ultime vérité. Mes expériences sont fondées essentiellement sur ce que j'ai appris durant vingt ans avec mon maitre, le guérisseur Bob Moore. A tous ces êtres je dois une profonde gratitude. Ils nous montrent les voies de la régénération de la terre.

Il est évident : dans l'étude de l'invisible une rigueur particulière s'impose. On ne peut pas dire n'importe quoi. Vous trouverez des réflexions sur la méthodologie dans l'appendice.

Ma rencontre avec l'énergie et le mystère de la Vierge Noire a été décisive. Elle est la déesse de la terre, la Dea Mater, la Déméter des anciens Grecs ainsi que Gaïa.

La musique et les effets subtils des sons m'accompagnent depuis l'adolescence en tant que musicien et compositeur. Ils me rappellent constamment l'harmonie du tout. Lorsqu'un élément, un être souffre, une fausse note surgit, l'harmonie s'en trouve dérangée. Comme dans un grand orchestre, nous sommes tous liés. La musique, comme toutes les formes authentiques et sensibles d'expression artistique, nous offre un pont vers la dimension spirituelle.

« La Nature n'est pas un endroit que l'on visite,
c'est notre chez nous. »

Introduction

Jim Enote est membre de la tribu des Zuni dans le sud-ouest des Etats-Unis. Il nous explique comment leur 'Map-Art', la cartographie artistique des Zunis, nous raconte, à l'aide de symboles et de dessins, les dimensions invisibles et les histoires et légendes de leurs paysages. Ce 'Map-Art' établit le lien entre les humains et leur habitat et nous montre une façon de réconcilier sens, vie et nature et la condition pour guérir nos écosystèmes.

*En réintégrant la dimension sacrée de nos paysages,
nous en redevenons des membres coresponsables.*

Je vais vous esquisser et expliquer ces cartes perdues de nos paysages. Ce sont les dimensions invisibles qui créent et font fonctionner nos paysages. Comprendre cela nous permet d'apprécier la beauté de la création ainsi que son équilibre délicat plein de sagesse. Une attitude de révérence et de gratitude en résulte et nous permet de servir la Création en coopérant avec elle. L'action de soins à distance, décrite vers la fin du livre, ne peut être comprise pleinement sans saisir l'organisation de ce monde invisible que je présente dans les premiers chapitres.

La dimension sacrée de nos paysages est composée de lieux de force, de lieux saints et magiques où les êtres élémentaux, les Dévas, les anges du paysage nous attendent, où habitent les ondines des sources, où des lignes de force et d'énergie subtile s'entrecroisent et des elfes se retrouvent dans leur buisson à elfes. Ce sont des lieux où les êtres humains d'hier et d'aujourd'hui se sentent proches du grand Tout. Ce que les mythes et contes de fées nous ont préservé à travers les âges, pourrait être bien plus près de la vérité que ce que les livres d'école nous racontent.

Dans le passé nous étions conscients de faire partie de cette dimension sacrée de nos paysages. Pourquoi donc avons-nous dû passer par cette longue période d'oubli, de séparation, d'ignorance des forces subtiles de notre terre ? Tout cela pour réaliser que seuls nous allions créer toute cette pollution, cette souffrance, cette exploitation de la terre d'une manière déraisonnée. Tout cela pour redécouvrir petit à petit que nous faisions partie d'un Tout, que nous sommes intimement liés à tous les êtres sensibles, visibles ou non à nos yeux, et que sans une coopération entre tous nous allions droit dans le mur. Il est possible de voir la réponse dans une nécessité de l'évolution de notre fonctionnement, de notre façon d'utiliser notre esprit. Voici quelques réflexions sur le pourquoi de notre impasse.

Afin d'ouvrir davantage l'incroyable potentiel de notre mental supérieur (intuitions, clairvoyance, soins à distance, etc.) nous devions apprendre à le libérer de l'influence de notre égo, c'est-à-dire de nos émotions douloureuses comme nos peurs, nos fausses ambitions, nos sentiments d'infériorité/supériorité, etc. Il est donc compréhensible que nous ayons, pour un temps, dû écarter tous ces mondes invisibles de notre conscience, et devenir plus 'rationnels', en apprenant à faire la part des choses et des pratiques, à différencier la lumière de l'ombre, le respect de la manipulation. Ces mondes invisibles ont donc été relégués aux contes de fées, aux livres d'enfants et à des gens comme Walt Disney.

Il s'agissait d'apprendre à aller vers de nouveaux horizons de l'esprit sans être envahis par nos peurs de l'inconnu, de l'invisible, mais accompagnés d'une foi acquise personnellement comprenant le champ divin et ses êtres. Nous devions apprendre à intégrer notre ombre et nous libérer de l'emprise du plexus solaire, et de sa vulnérabilité aux mondes de l'astral inférieur, pour accéder au niveau de la conscience du cœur avec sa compassion, sa générosité, sa communication avec le Divin, sa joie et son respect de toute vie visible ou invisible. Car nous étions passés par des siècles de luttes internes et externes avec ces pièges de l'égo, de nos peurs, de nos fantaisies d'ennemis, chasses aux sorcières, conséquences de la projection irréfléchie de notre ombre vers l'extérieur.

Je pense que ceci avait aussi causé une confusion entre ce qu'était le Créateur et ces êtres invisibles que les gens avaient pris pour des dieux de toutes sortes quand il s'agissait de grands élémentaux, de Dévas ou d'anges. Cette confusion a engendré de nombreuses projections irrationnelles fondées sur nos peurs, créant des démons et autres superstitions. Peut-être était-il bon de mettre de l'ordre dans cela pendant un temps en nous concentrant sur le Créateur unique, puis, petit à petit, d'apprendre à connaître la myriade d'êtres invisibles dans leur juste rôle.

Depuis environ l'an 2000, nous avons cependant franchi un cap. Dorénavant, il est possible par exemple de mener et de publier des interviews avec des esprits de la nature et de les reconnaître comme des êtres sensibles, intelligents et portant l'héritage d'une énorme sagesse et expérience dans leurs domaines respectifs.

Etant passés, en tant que culture, par l'exploration approfondie de notre subconscient et la découverte de pratiques de transformation de nos émotions douloureuses, nous avons maintenant le moyen de faire la part des choses entre êtres respectueux et êtres intrusifs et donc, de nous ouvrir avec discernement aux mondes invisibles d'une manière saine et équilibrée.

L'état du monde nous y oblige, j'en suis persuadé : nous devons retrouver cette coopération avec ces forces subtiles de notre terre et réapprendre à voir et apprécier leur travail, leur savoir millénaire et leur sagesse. Dominer la terre était une illusion. Il s'agit de coopération, de respect et de compassion. De la manière dont les choses vont ces temps-ci et cela risque de s'empirer encore : la souffrance nous contraint à changer, à évoluer. Politiquement l'écologie doit inclure le sacré dans ses considérations ainsi que tous les êtres sensibles.

La situation actuelle
Tout semble nous tomber dessus en même temps : changements climatiques, disparition des espèces, diminution de la biodiversité, pollution par le plastique et les pesticides…. L'année 2018 nous a révélé d'un coup toutes les impasses.

Quelques extraits de la presse :

Dégradations profondes de l'environnement
La disparition en cours des oiseaux des champs n'est que la part observable de dégradations plus profondes de l'environnement. *« Il y a moins d'insectes, mais il y a aussi moins de plantes sauvages et donc moins de graines, qui sont une ressource nutritive majeure pour de nombreuses espèces,* relève Frédéric Jiguet, professeur de biologie de la conservation au Muséum et coordinateur du réseau d'observation STOC. *Que les oiseaux se portent mal indique que c'est l'ensemble de la chaîne trophique* [chaîne alimentaire] *qui se porte mal. Et cela inclut la microfaune des sols, c'est-à-dire ce qui les rend vivants et permet les activités agricoles. »* Le Monde, 20. Mars 2018

**Un tiers des oiseaux ont disparu
des campagnes françaises en 15 ans**
Biodiversité. *«Une catastrophe écologique.»* Selon deux études distinctes menées par le CNRS et le Muséum national d'histoire naturelle, et relayées par *le Monde*, les populations d'oiseaux (toutes espèces confondues) ont été réduites d'un tiers ces quinze dernières années, *«une disparition massive»* accentuée depuis 2008-2009. En cause, selon les scientifiques : l'intensification de pratiques agricoles, et notamment la généralisation de l'usage des insecticides néonicotinoïdes pour les cultures de blé, dramatiques pour les populations d'insectes dont se nourrissent perdrix et autres alouettes. Mais leurs constats ne s'arrêtent pas là. Parmi les espèces concernées, même les oiseaux non spécifiques aux plaines agricoles déclinent à l'image de la tourterelle, du merle ou du pigeon ramier. Et cette disparition ne fait que s'accélérer. *Le Monde, 20.3.18*

La **mer de plastique dans le Pacifique** fait trois fois la taille de la France – *Le Monde, 23.3.18*

5 avril 2018, The Independent : La cour suprême de Colombie déclare la forêt amazonienne comme étant un être avec des droits. Elle ordonne au gouvernement de prendre des mesures urgentes pour sa préservation.

Printemps 2018 : Le 'Earth Law Center' ainsi que la fondation 'River Ethiope Trust Foundation (RETFON)' ont lancé une initiative pour donner au fleuve Ethiope au Nigeria des droits légaux. Si cette initiative devait aboutir, le fleuve Ethiope serait la première voie navigable d'Afrique recevant le statut d'une entité vivante. Parmi les droits proposés le fleuve Ethiope obtiendrait entre autres le droit d'être libre de pollution et le rétablissement de sa biodiversité originelle. Le fleuve aurait également le droit d'être partie civile devant un tribunal. Lui serait aussi attribué un ou plusieurs gardiens avec le devoir de défendre les droits du fleuve.

Diminution dramatique du nombre d'insectes

Pour le chercheur français, *« on constate une accélération du déclin à la fin des années 2000, que l'on peut **associer**, mais seulement de manière corrélative et empirique, à l'augmentation du recours à certains néonicotinoïdes, en particulier sur le blé, qui correspond à un effondrement accru de populations d'insectes déjà déclinantes ».*

A l'automne 2017 des chercheurs allemands et anglais, sous la direction de Caspar Hallmann (université de Radboud, Pays Bas) ont pour la première fois mis un chiffre sur le déclin massif des invertébrés survenu depuis le début des années 1990 : selon leurs travaux, publiés dans la revue *Plos One* en octobre, le nombre d'insectes volants sur le territoire allemand a diminué de 75 à 80%.   *Plos One, 18 Octobre 2017*

A ce jour les pays suivants ont publié **des lois conférant à la nature un droit de protection** en tant qu'êtres vivants : Nouvelle Zélande, Inde, Equateur, Bolivie, Australie. En 2008 le premier pays à inscrire dans sa constitution les droits de la nature fut l'Equateur.

1. avril 2018, *The Guardian, Edition Internationale*
Le groupement international pour les droits de la nature se concentre sur le point de vue des systèmes juridiques occidentaux, qui considéraient jusqu'à présent la nature comme étant une propriété et qui rendait cette partie du monde vivant invisible pour le système juridique. Le groupement utilise à cette fin des concepts juridiques occidentaux comme 'la personne' ainsi que des dispositions juridiques occidentales, afin que le statut de la nature puisse évoluer du concept de propriété vers une personne morale permettant une meilleure protection du monde vivant.

La Nouvelle Zélande conféra à la région forestière de Te Uruwera en 2014 le statut d'une personne morale. Suivirent en 2017 le fleuve Whanganui et le Mont Taranaki. Une cour indienne donna aux deux fleuves Gange et Yamuna en 2017 les statuts de personnes morales en citant le cas du fleuve Whanganui. Peu de temps après c'était au tour de la Colombie de donner au fleuve Atrato les mêmes droits.

L'action juridique en vue de la protection du fleuve Yarra (Wilip-gin Birrarung musson) de 2017 donna au fleuve des droits inhérents à la personne ainsi que des valeurs humaines et confirma de ce fait, que le fleuve et les terres le bordant étaient un système vivant et intégral. Dans son allocution devant le parlement, Alice Kolasa, représentante des Wurundjeri, disait : « L'état reconnait maintenant, ce que nous habitants autochtones savions depuis toujours, que **la rivière Birrarung est un être vivant intégré.** » L'action juridique reconnait « le lien inhérent entre les propriétaires traditionnels et le fleuve Yarra et son paysage » ainsi que leur rôle « en tant que gardiens du pays et du système fluvial qu'ils appellent Birrarung ». (traduction de l'anglais D.P.)   Jane Gleeson-White

7. mai 2018, Centre Helmholtz pour la recherche sur l'environnement (UFZ) à Leipzig : 90% des déchets plastiques dans les océans proviennent de 10 fleuves, essentiellement d'Asie.

Le monde, 30.10.18, Mammifères, oiseaux, poissons, reptiles, amphibiens… Les populations de vertébrés ont été réduites de 60 % depuis 1970, révèle le WWF.

D'ici à la fin du siècle, certaines régions du monde pourraient faire face à des **catastrophes climatiques multiples**, jusqu'à six en même temps, de la canicule aux incendies en passant par les inondations, selon une nouvelle étude. *Paris (AFP) – 20.11.18*

La reforestation massive des forêts du monde effacerait une décennie d'émissions de CO_2, conclue un rapport d'experts.
The Independent, 22.2.2019

Une baleine est morte de faim avec 40 kilogrammes de déchets en plastique dans l'estomac après s'être échouée aux Philippines, *Sud-Ouest 18.3.2019*

Cette liste se rallonge chaque jour. Pour quelle raison les publications de ces problèmes s'accumulent-elles ces derniers temps ? Il semblerait que nous soyons témoins de la fin d'une logique, d'une façon de penser. Il est urgent d'acquérir une compréhension fondamentalement nouvelle. Car de répéter que nous allons rentrer dans le mur, que nous sommes au bord du gouffre, que la transition énergétique ou agricole n'est pas possible, nous ne faisons que cultiver l'immobilisme et cimenter des croyances qui ne sont que le fruit de notre intellect et donc de nos peurs. J'y reviendrai.

Mentionnons pour terminer **les catastrophes naturelles** : tremblements de terre, inondations, incendies de forêt monstres et ouragans. Ils feraient, selon C, d'une part partie d'une purification et d'un rééquilibrage périodique de la terre qui se ferait apparemment même sans la présence humaine sur terre. Ils pourraient être inhérents au fonctionnement de la planète terre. D'autre part ils sont en partie causés ou aggravés par l'activité humaine inadéquate, par exemple le réchauffement de la planète. Dans les deux cas ces évènements se déroulent en quelque sorte uniquement au niveau et avec l'action des très grands élémentaux *terre, eau, feu* et *air* (voir 3.3.1. p 79). Il y a cependant une autre raison évidente qui vient d'au-delà de ces élémentaux et cela concerne l'activation parmi les humains de sentiments de compassion, d'entre-aide et de foi, aidant à dépasser les peurs et le désespoir. Dans tous ces trois cas de figure les êtres humains pourraient, selon C, avoir une influence positive sur ces évènements, notamment par leur pensée.

Si la plupart des problèmes environnementaux sont causés par de la peur et de la cupidité, ce que nous nommons superficiellement l'égoïsme, ces problèmes ne pourront pas être résolus sans comprendre les mécanismes de la peur et de la cupidité et sans les transformer durablement.

Le problème fondamental est la peur, car la cupidité nait de la peur de ne pas avoir assez. La peur persiste aussi longtemps que nous n'avons pas compris les lois fondamentales de la vie : tout est lié, tout est né de l'amour, toute pénurie est créée par un manque de compréhension et par de fausses priorités.

Mais comment la peur se laisse-t-elle transformer ?

Lorsque nous étudions la guérison spirituelle, nous découvrons que résoudre uniquement les problèmes physiques apporte rarement des solutions durables tant que nous n'avons pas inclus et résolu les problèmes sous jacents. Car ces derniers ne feront que recréer les mêmes problèmes au niveau physique. Une guérison ou régénération durable ne peut se faire qu'en incluant le niveau spirituel, c.à.d. la compréhension des priorités et des valeurs intemporelles.

En étudiant le système énergétique humain nous comprenons que la peur est localisée dans la région de l'estomac. Plus exactement il s'agit des caractéristiques du chakra ou centre énergétique du plexus solaire. [4] La partie instinctive du plexus solaire nous fait construire des murs et des barrières autour de nous. La transformation des structures de pensées émotionnelles, je les nomme 'la mentalité du plexus solaire', ne peut se faire qu'en les transformant vers leur pôle opposé : la compréhension profonde et l'amour. Il s'agit de comprendre les motivations profondes de la pensée et de l'action humaines. L'amour ne connait pas de frontières, ni de séparations. L'amour est essentiellement généreux et abondant. Ainsi il n'est pas vraiment possible de dire : 'J'aime mon enfant plus que mon chien, mon chat plus qu'un arbre, une fleur plus qu'une rivière.' L'amour ne connait pas ces distinctions. Sans cela il s'agit d'amour superficiel et de calculs froids. Cette réalisation nous conduit vers le cœur, vers la générosité, la compassion et nous met en rapport avec la dimension divine, avec tous les êtres, visibles ou non.

Je me demande forcément à quoi cela sert d'écrire sur le thème des esprits de la nature, des anges et des autres êtres invisibles, si les priorités politiques et individuelles ne sont pas révisées. D'autres sont plus compétents pour écrire sur les processus politiques nécessaires. La compréhension doit cependant vaincre l'ignorance. L'ampleur des problèmes et la recherche d'une harmonie stable et de paix nous forceront à inclure les autres êtres sensibles dans nos considérations. Car ils possèdent entre autres un savoir et une sagesse énormes en ce qui concerne le fonctionnement de la nature et la façon de parvenir à un équilibre.

Un point de vue matériel ne suffit plus. Les interviews et interactions avec les êtres invisibles que je présente dans ce livre nous le montrent.

Tôt ou tard les Etats, mais nous aussi en tant qu'individus, nous serons forcés, au pire par des expériences douloureuses, de revoir nos priorités. Ce n'est pas l'argent qui manque. Mais tant que nous dépensons cet argent prioritairement pour de l'armement et des articles de luxe, l'approvisionnement en eau potable, la pollution de l'air, le plastique dans les océans, la disparition des espèces et des abeilles n'auront pas la priorité. Est-ce que la souffrance serait un moteur majeur de l'évolution ?

Mes sources d'information
Là où je ne donne pas d'autres précisions 'C', ce collège d'esprits, est ma source d'information principale. Cela est surtout le cas lorsque ce que j'écris déclenche de l'étonnement et n'a peut-être pas été rencontré autre part. Ce collège d'esprits a des réponses précises à toutes mes questions. Ces esprits m'ont également mis sur des pistes que j'ai pu vérifier moi-même comme les couches extérieures de l'aura humaine, de plantes ou d'animaux, par exemple la couche planétaire et la couche cosmique (voir pages 40).

Avec l'aide du lobe-antenne Hartmann (page 242) C m'a introduit dans l'archéologie énergétique. En utilisant Google Maps m'ont été montrées les traces énergétiques de lieux sacrés passées et présentes ainsi que d'autres aspects sacrés de nos paysages.

J'aurais pu choisir de jouer le sceptique de service, comme c'est de coutume dans notre culture déconnectée. Ainsi j'aurais par exemple accompagné toutes les informations de C du conditionnel, dans le style : il paraît que..., ou ces êtres auraient dit...., ils seraient... etc. Cela n'aurait pas été honnête, car c'est une attitude condescendante, dégradant l'interlocuteur vers quelqu'un de douteux, loufoque et pas très crédible. On ne fait pas cela envers quelqu'un que l'on respecte et prend au sérieux.

En fait ce n'est pas très compliqué de savoir si l'autre cherche à nous manipuler. Pour ce faire il faudrait qu'il en tire pouvoir, gains matériels ou célébrité et il chercherait à ne pas respecter notre libre arbitre. Ce n'est pas le cas de C. Vous pouvez très bien le vérifier tout au long de ce livre.

La compagnie d'un être spirituel vous élève et ne vous laisse jamais anxieux, découragé ou déprimé, peu importe la gravité du sujet discuté.

J'utilise de temps en temps Wikipedia et d'autres sources de ce genre sur l'internet pour trouver des définitions.

Essentiellement je ne lis que très peu sur les sujets de mes recherches. Il y a quelques exceptions comme les excellents cahiers de Flensburg (flensburgerhefte.de) et leur quarantaine de livres d'interviews avec les esprits de la nature. Mes sources sont indiquées dans le texte avec de petits numéros que vous trouverez expliqués à la fin du livre.

Le dialogue avec des esprits ou entités invisibles demande à ce que nous ayons une clarté suffisante en nous afin de pouvoir faire la distinction entre des réponses réelles et nos éventuelles projections personnelles provenant de nos structures d'émotions et nos fausses ambitions. Si p.ex. nous sommes sous l'influence de sentiments d'infériorité nous pourrions être tentés, souvent peu consciemment, d'exagérer pour chercher à impressionner. De bonnes intentions ne suffisent pas.

Dans ce qui suit j'aimerais vous présenter les êtres des mondes invisibles. Je cherche, par moment, à rentrer dans les détails afin que vous puissiez avoir une idée de ce à quoi ils contribuent vraiment quotidiennement. La complexité de ces mondes est époustouflante. Vers la fin du livre le tout redeviendra très simple et naturel : prise de conscience globale, mais action locale, au niveau de notre vie de tous les jours.

Page suivante : La présence d'un point d'ancrage de l'archange Uriel à Sergeac s'explique par l'histoire des templiers de ce village. Voir mon livre "Un Pont vers le Ciel" [6]

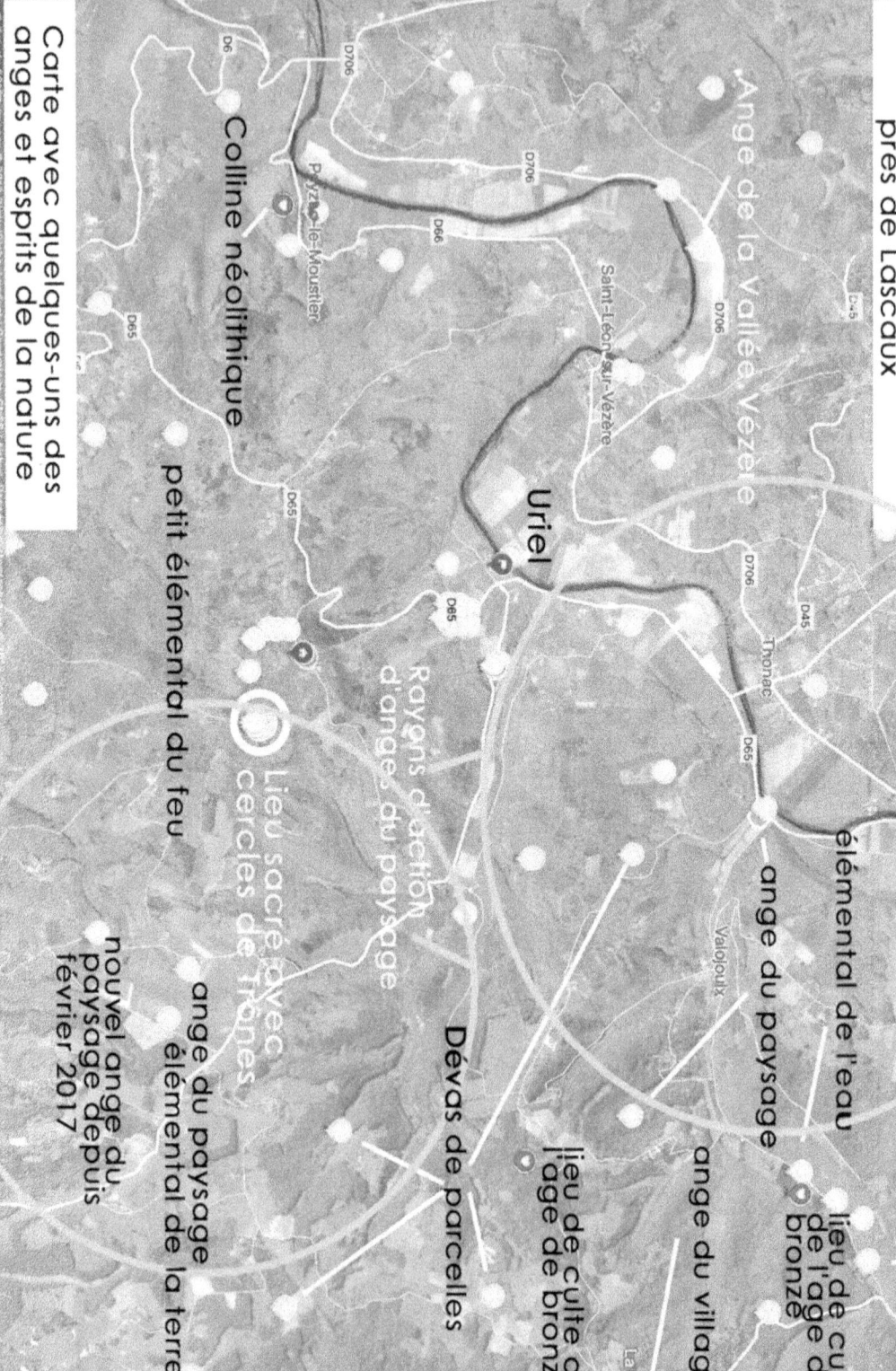

Carte avec quelques-uns des anges et esprits de la nature – Vallée de la Vézère près de Lascaux

Chapitre 1

Des Mondes parallèles – un seul système

« Envoyer de la bonté à tous les êtres sensibles de l'univers, leur souhaitant bonheur et santé. »
(citation Bouddhiste)

Le système auquel nous participons est d'une grande complexité et richesse. Un horizon personnel large aide à mieux apprécier les parties de ce système. Bien des aspects cependant ne sont pas perceptibles avec nos sens habituels. Ceci est souvent dû à notre façon limitée de penser. Mais les choses s'accélèrent depuis le début de notre siècle. La physique quantique notamment nous à entrouvert bien des portes de la perception. L'occident s'ouvre également à l'approche scientifique d'un bouddhisme tibétain par exemple, qui est complémentaire à notre approche 'occidentale'. Elle inclut les effets des observateurs sur ce qu'ils observent ainsi que d'autres dimensions de l'esprit et du spirituel. (Dalaï Lama : 'L'univers dans un seul atome')

L'univers nous apporte ces derniers temps des changements fondamentaux qui entre autres nous rapprochent de la dimension 'invisible'. De nouveaux mondes s'ouvrent à nous. Il s'agit parfois de mondes parallèles, qui s'observent à l'aide d'autres outils de perception. En tant qu'êtres sensibles nous sommes tous liés les uns aux autres. Ce qui arrive à un être a des répercussions sur tous les autres. Les éléments du système s'influencent mutuellement. Notre façon de percevoir ces interconnexions détermine notre degré de compréhension. La régénération de la terre est un but qui de ce fait doit comprendre tous les êtres sensibles. Mais comment saisir ces interconnexions et que sont exactement des 'êtres sensibles' ?

1.1. Une communauté d'êtres sensibles

Est-ce que des fleuves ou des montagnes sont réellement des êtres sensibles ? Ou, est-ce que ce sont les esprits de la nature attachés aux fleuves et montagnes qu'il faut considérer comme leurs réels êtres sensibles ? Quelles seraient alors les tâches de ces esprits ? Qui sont-ils ? Je détecte par exemple de très grands êtres élémentaux de l'eau attachés aux fleuves. Ils s'occupent du fleuve et de tous ses affluents et cela avec l'aide d'une myriade d'esprits élémentaux de l'eau plus petits.

Je compte parmi les êtres sensibles : les animaux, les âmes d'humains non incarnés ou décédés, les esprits de la nature, les Dévas, les Dagdas, la déesse de la Terre ou Vierge Noire, les élémentaux, les insectes, les êtres angéliques, les esprits des mondes magiques ou mystiques, les elfes, et bien d'autres, qui ne nous sont parfois pas connus.

Voici à ce sujet un constat de C qui me fait réfléchir :
Les anges, certains extra-terrestres, ainsi que des êtres intrusifs, ne respectant donc pas notre libre arbitre, ne seraient pas des êtres sensibles.

Cela n'empêche pas les anges d'avoir plein d'autres qualités spirituelles comme la loyauté, la patience ou la conscience de leurs devoirs. Mais ce constat voudrait dire que les anges déchus ne sont pas non plus des êtres sensibles. Nous y reviendrons.

Dans les philosophies orientales la sensibilité est une qualité métaphysique de toutes choses demandant du respect et de la compassion. L'aspect métaphysique fait ici référence à une réalité se trouvant au-delà de la perception par nos cinq sens habituels. (traduit du Wikipedia anglais, D.P.)

Voici une ébauche de définition me servant comme hypothèse de travail :   Un être sensible remplit, à mon sens, tous les 18 critères suivants. Je plaide donc pour que nous élargissions considérablement notre liste des êtres sensibles. Dans son essence un être sensible ressent de la douleur et des injustices. Il peut se souvenir. Cela implique qu'une disharmonie persiste aussi longtemps que l'harmonie holistique n'est pas rétablie en même temps que le rapport respectueux entre les êtres sensibles du système. Le mouvement international pour conférer à la nature et aux animaux un droit comparable à ceux des humains doit être élargi à la réalité des êtres sensibles énumérée dans ce qui suit. Je commence l'énumération par les critères les plus importants pour la régénération de la terre. Ils nous donnent une idée, à quel point en vérité tous les êtres sensibles nous sont proches. Le premier critère étant fondamental à notre propos :

Un être sensible

1. peut **ressentir.** Une plante par exemple peut très bien sentir lorsqu'elle est blessée ou si quelqu'un s'approche d'elle avec de mauvaises intentions. Cependant une conscience d'elle-même, dans notre sens habituel, lui échappe. Ceci dit, cette conscience lui est associée par la présence de sa Déva, qui elle ressent tout cela. En tant que créature de la terre mère tout être sensible peut percevoir de l'amour ainsi qu'en rayonner dans une certaine mesure. Tous les êtres sensibles ont en commun l'effort de vouloir éviter la douleur et de diffuser l'amour.
2. peut **se souvenir.** Ces êtres possèdent une mémoire. Etant donné que toute mémoire est située dans le corps éthérique et que tous les êtres sensibles ont un champ éthérique, ce constat n'est donc pas difficile à comprendre.   (définition corps éthérique page 42 et 259)

3. a dans une certaine mesure une **conscience de lui-même**. Cela ne veut pas nécessairement dire que les êtres sensibles possèdent un moi conscient et une individualité comparable à nous les êtres humains. Ces êtres sont cependant conscients qu'ils sont des êtres indépendants et, en tant que tels, se distinguent d'un autre être semblable.
4. peut **communiquer**, et s'exprimer, donner des signaux. Nous ne pouvons peut-être pas (encore) comprendre ou percevoir ces signaux, mais d'autres êtres le peuvent et peuvent ainsi fonctionner comme interprètes.
5. peut **percevoir** (possède certaines facultés cognitives). Sa perception peut cependant être réduite ou spécialisée à quelques modes particuliers de perception (chaleur, absence d'oxygène, niveau d'acidité de l'environnement, etc.). Les êtres sensibles peuvent sentir de la douleur ainsi que tout ce qui entrave leur fonctionnement : obstacles physiques ou énergétiques, présence d'autres êtres et, dans une certaine mesure, leurs intentions.
6. **fait partie d'une communauté**. Tous les êtres sensibles font partie d'une communauté dans le sens large du terme. Mais ils font également partie d'une communauté d'êtres similaires et parfois aussi d'êtres locaux complémentaires (parasites par exemple). Ils sont capables de coopérer, de se protéger et de se distinguer d'êtres du même type.
7. fait **partie d'une hiérarchie,** et de ce fait a un supérieur ou mentor. Je reviendrai sur ce terme hiérarchie.
8. a une **connexion avec la dimension divine**, notamment avec la lumière dans le sens métaphysique.
9. a **une tâche**, une fonction dans l'écosystème et qui sert à une communauté d'êtres, dans le sens étroit ou large du terme.
10. peut **se développer**. Ces êtres connaissent une évolution qui leur est propre. Ils peuvent prendre des décisions,

choisir, s'orienter et discerner. Ceci est ma conviction : tous les êtres ont une tâche ou fonction spirituelle et peuvent évoluer au sens profond. Ceci est une force essentielle de l'évolution.
11. **est unique** et possède une identité claire qui le distingue de clones. Dans ce sens les êtres sensibles se distinguent d'êtres similaires.
12. possède **un champ énergétique**. Même si la plupart des gens ne les voient pas, leur champ énergétique reste perceptible. Par ma propre expérience je sais par exemple que la déesse de la terre est capable de se manifester en tant que forme énergétique perceptible, comme également les Dévas ou autres Dagdas.
13. vit **éventuellement dans un autre monde ou dans une autre dimension**. Nous ne pouvons pas exclure qu'il existe des mondes parallèles et qu'un monde ne perçoit pas forcément l'autre monde. Nous autres êtres humains connaissons très bien ce phénomène de ne croire qu'à ce que nous voyons.
14. est 'né', a eu un début d'existence, **fût créé**
15. a de ce fait **un géniteur ou** 'des parents' qui l'ont créé
16. peut **se protéger** et créer une délimitation envers le reste
17. peut **se multiplier**, procréer
18. peut mourir, **cesser d'exister**

Un fleuve ou une montagne n'est probablement pas un être sensible dans le sens que je viens de décrire, mais a vraisemblablement un être sensible qui lui est associé et qui forme un duo indissociable avec lui. Nous devons élargir notre concept et inclure des êtres invisibles, leur savoir et sagesse dans nos considérations. Depuis peu les parlements australiens, indiens, néozélandais, entre autres, ont attribué la qualité de personnages juridiques à certains fleuves ou montagnes. En leur nom il est dorénavant possible que quelqu'un porte plainte pour eux devant un tribunal p.ex. pour pollution.

La compréhension de ce qu'est un être sensible est centrale à mon approche, qui cherche à comprendre ce qu'est une harmonie globale et à rendre possible une cohabitation respectueuse. Ceci est également fondamental pour la compréhension des droits des animaux car cela nous donne la possibilité de reconnaître que ces êtres ressentent de la douleur et de la joie.

1.2. nos champs énergétiques humains et comment ils nous relient à notre environnement

Il est édifiant de se pencher sur nos champs d'énergie. Car ils nous montrent combien nous sommes liés avec tout. Leur complexité peut nous surprendre. Si nous regardons pour commencer les couches extérieures de notre aura (Aura = l'ensemble de nos champs énergétiques humains), nous constatons que nous portons à tout moment avec nous le contact avec l'Univers. Cette couche énergétique commence à environ 90 m du corps physique et peut être perçue et mesurée par une tierce personne. La couche attenante contient notre contact avec l'atmosphère de la terre, c.à.d. le champ qui entoure la terre toute entière. Elle contient toute la mémoire des faits passés et présents. Cette couche commence à seulement 9 m de notre corps physique et s'étend donc jusqu'à 90 m environ. Toutes les couches continuent également sous nos pieds, donc parfois à une grande profondeur. Cela fait que nous sommes également toujours liés à la terre mère et cela dans une mesure au-delà de ce que nous pouvons imaginer.

Les deux couches suivantes contiennent l'interface avec notre âme intemporelle. Nous pouvons nous imaginer le monde des âmes comme étant un monde parallèle au nôtre. De même nous pouvons concevoir nos autres couches énergétiques comme étant toutes des interfaces avec leurs mondes parallèles. Ainsi le terme 'parallèle' serait la désignation d'autres parties de notre écosystème qui normalement échappent à notre perception de tous les jours.

L'aura spirituelle et l'aura causale départagent nos champs énergétiques entre ce que j'appelle l'aura externe (dessin page 40) et l'aura intérieure (page 41). Dans l'espace entre le cercle épais noir et le cercle gris foncé nous trouvons notre contact avec le zodiaque, nous montrant comment l'univers, par l'intermédiaire de l'astrologie, agit sur nous à l'aide du mouvement des planètes. Dans le cadre de ce livre il ne m'est pas possible d'expliquer plus en détail la fonction des différentes couches de l'aura, mais je tenais à montrer combien, également de cette manière, nous sommes liés au Tout. [4, 5, 6, 16]

On entend beaucoup parler des **chakras**. Le terme 'chakra' veut dire roue ou disque en sanskrit. Nous l'utilisons en tant que 'centre énergétique' du corps humain. Outre les 21 chakras secondaires nous avons 7 chakras principaux dans nos champs humains. Ces derniers ont, dans mon usage, une définition bien précise : comme étant des centres psycho-énergétiques que nous pouvons transformer vers leur pôle spirituel (voir 4.1.1.), ce que nous ne pouvons pas faire avec les chakras secondaires ni tout autre point énergétique dans notre aura. Je n'utiliserai donc jamais ce terme de chakra par rapport à des lieux sacrés ou énergétiques particuliers du paysage vu que nous avons l'habitude d'assimiler le terme chakra aux chakras principaux de l'être humain. Ces lieux du paysage ne pouvant pas être transformés, même s'ils peuvent être activés et énergétisés ; ce qui n'est pas la même chose. Qui aura sérieusement travaillé sur la transformation de ses

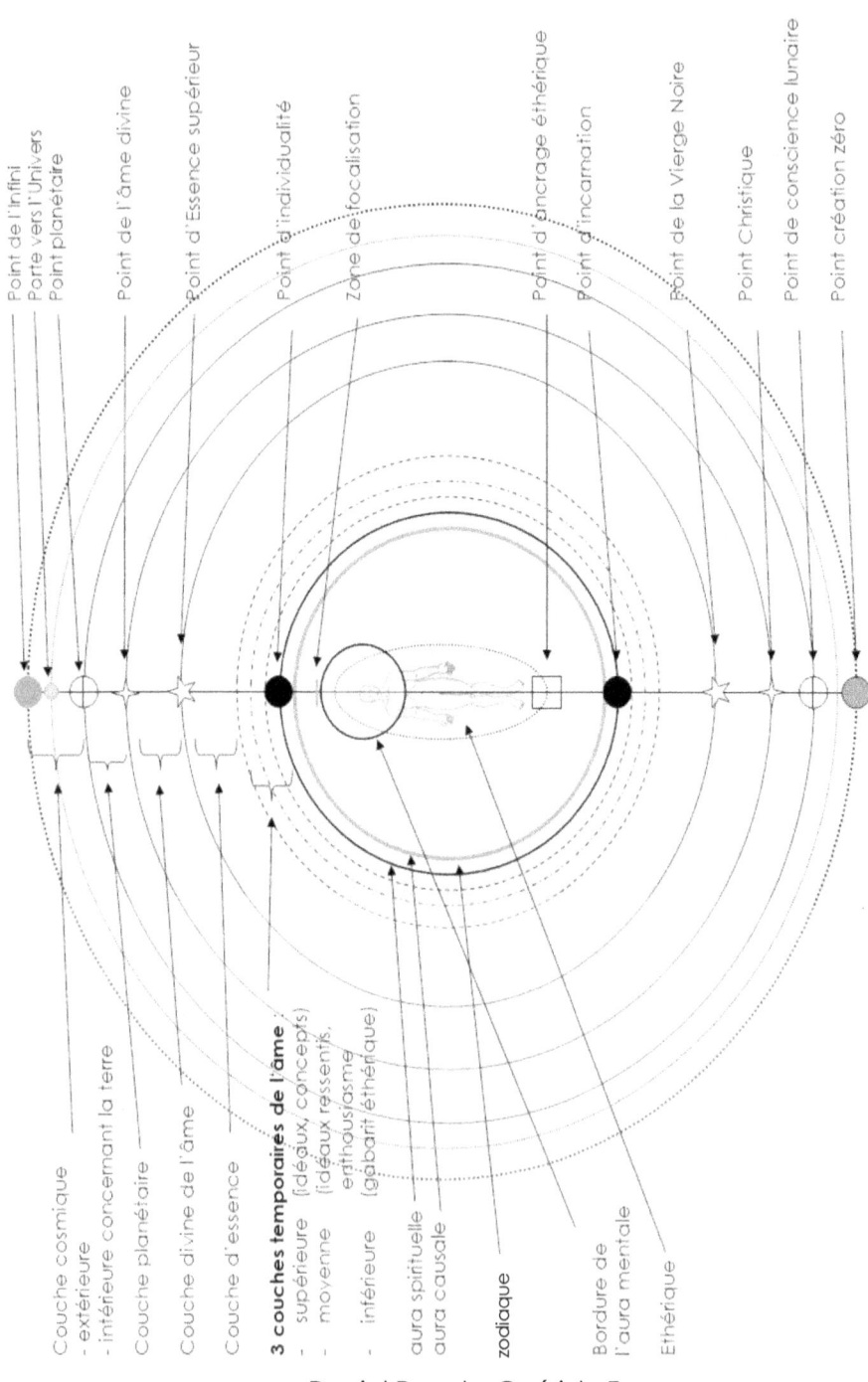

Daniel Perret – Guérir la Terre

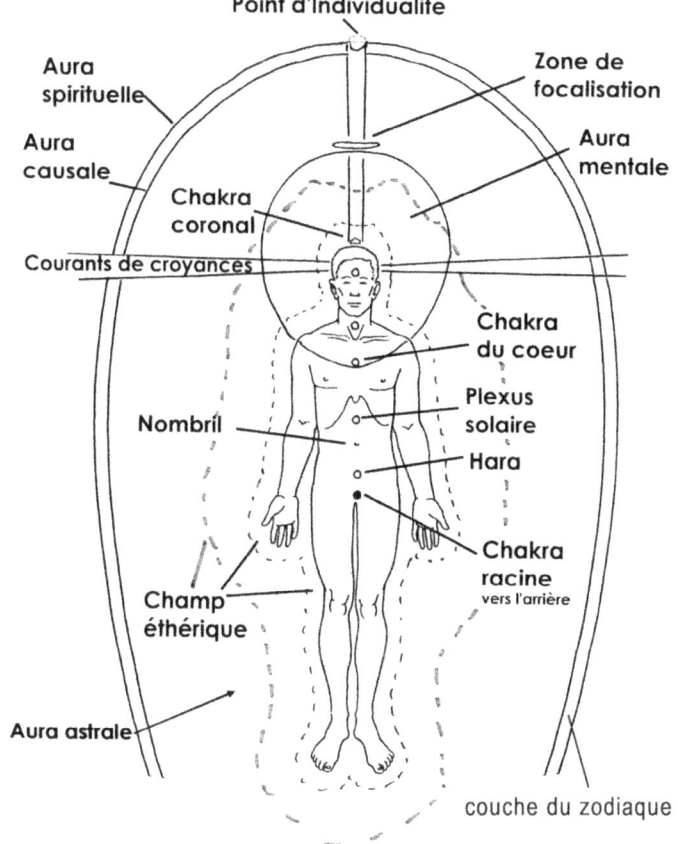

chakras comprendra. [4] Je suis convaincu que la compréhension des couches énergétiques nous donne un moyen de mieux comprendre l'action de la prière, des soins à distance et des méditations pour la régénération de la terre. La physique quantique nous apprend depuis des années comment même de toutes petites particules cousines restent étroitement liées sur de très grandes distances et réagissent, lorsque leur cousine souffre soudainement.

Notre corps éthérique à lui seul est une merveille de la Création tant il est complexe (voir aussi appendice p. 259). Mon maître Bob Moore nous disait ce qui suit au sujet de la seule couche de l'éther réflecteur :

« L'éther réflecteur ou éther de chaleur contient les sentiments entre les gens, la mémoire du monde, le savoir, la sagesse, cela inclut la mémoire physique et l'intuition. Les pensées entrent dans cette couche de l'éthérique avant d'arriver dans le cerveau.

L'éther réflecteur est l'éther le plus avancé (highest), le contact le plus avancé que nous puissions atteindre en ce qui concerne l'énergie. Dans ce contact d'énergie vous avez toutes les choses qui sont nécessaires : la paix, le contentement en vous-mêmes, vous avez le lien avec l'Univers, le contact avec la lumière, vous y trouvez ce qui est tiré de cette lumière et introduit dans le corps à l'aide de

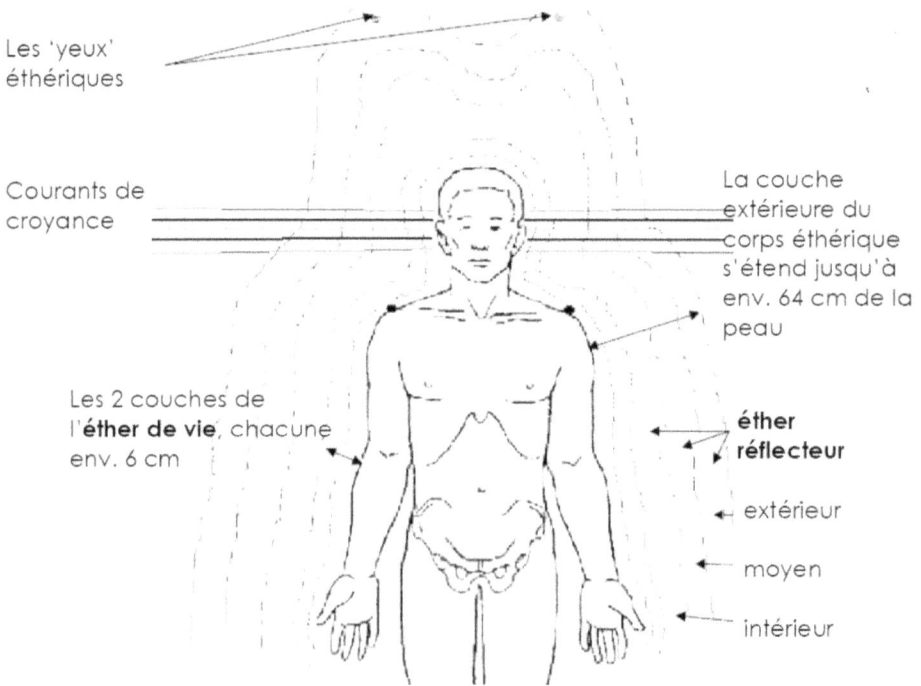

l'éther chimique, et enfin vous avez l'équilibre de vie que vous trouvez dans l'équilibre entre la nature et vous-mêmes. L'éther réflecteur est la combinaison de tout cela, mais centré essentiellement autour de la paix. » Bob Moore

1.3. Les champs énergétiques des plantes

L'illustration montre le champ éthérique qui entoure une plante : l'éther réflecteur, l'éther de vie ; puis à l'intérieur de la plante nous trouvons l'éther de lumière ainsi que l'éther chimique. Même si les plantes ne possèdent pas de champ astral et mental, elles ont, tout comme nous humains, une couche dans leur champ d'énergie qui les lie au zodiaque (env. 1,8 m de la plante). Les plantes ont également un champ planétaire (env. à 3 m) ainsi qu'un champ cosmique très loin dans leur aura, analogue aux champs énergétiques humains.

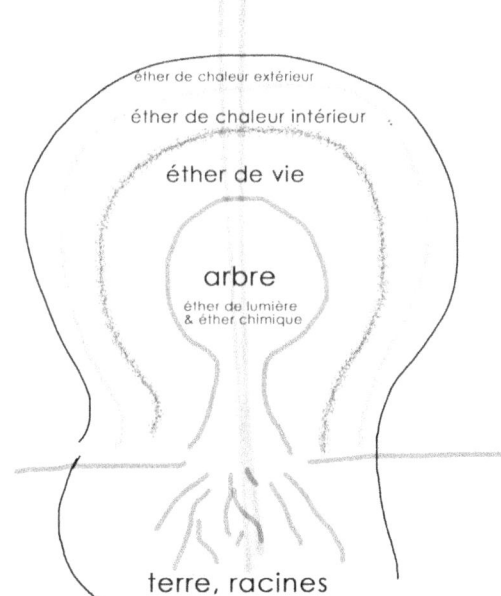

Je compte parler de détails concernant les quatre couches de l'éthérique et leurs fonctions même si cela peut sembler très pointu. L'éthérique est le lien entre le physique et le monde invisible et ses êtres. Si nous voulons comprendre leur importance, leurs tâches, il faut nous pencher sur l'énergie éthérique. La compréhension peut prendre des années, étant donné que c'est pour beaucoup d'entre nous un sujet inconnu.

Donc, ne vous inquiétez pas, ne rejetez pas et prenez le temps qu'il faudra pour intégrer ce savoir naissant. Nous avons la chance que C nous donne ici beaucoup d'informations sur l'éthérique. Bob Moore était également un expert sur ce sujet.

Un grand arbre a un champ éthérique qui s'étend à plusieurs mètres du tronc. Nous pouvons assez facilement le sentir lorsque nous nous approchons de l'arbre les bras étendus avec le devant des mains face à l'arbre.

1.4. Les champs énergétiques des animaux

Les animaux ont un champ éthérique ainsi qu'un champ astral : un champ astral intérieur avec leurs émotions ainsi qu'un champ astral extérieur qui contient le contact avec leur âme de groupe. Ils n'ont pas d'âme individuelle comme nous. Ils sont également liés au 'Tout' par l'intermédiaire de la couche astrologique du zodiaque (à env. 2 m de leur corps), du champ planétaire (à environ 4 m) ainsi que du champ cosmique. Ils ne possèdent pas de champ mental comme nous humains.

Si vous avez un jour regardé dans les yeux d'un tout jeune veau, d'une vache, d'un cheval, d'un chien ou d'un chat, vous avez certainement vu l'amour, la patience et la profondeur dans leur regard. Il est plus facile de maltraiter des animaux et tout autre être tant que nous les voyons comme étant inférieurs et bêtes. Il est significatif qu'en français nous utilisions ce mot 'bête' en même temps pour un animal et pour désigner quelqu'un que nous pensons être moins intelligent que nous.

Cette attitude condescendante se retrouve vis-à-vis de la nature, mais plus généralement aussi envers d'autres races, les enfants, les esprits de la nature, les étrangers, les handicapés, etc.

Malheureusement cela a pour conséquence que nous n'apprenons rien sur leur intelligence, leur expérience et sagesse, même si nous pourrions bien en avoir besoin. Nous pouvons voir cette intelligence animale à l'œuvre lors de murmures d'étourneaux par exemple. En tant que groupe

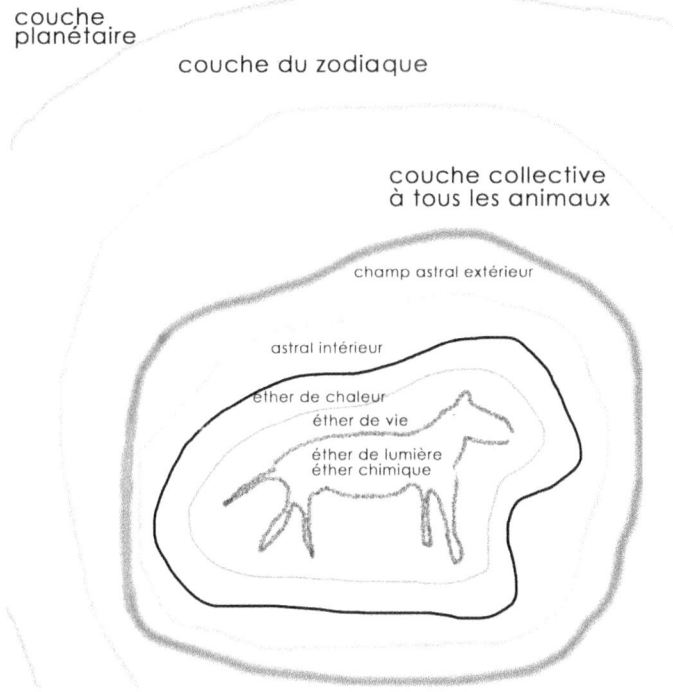

d'humains nous sommes totalement incapables de reproduire ce comportement synchronisé. Nous pourrions éventuellement concevoir un programme d'intelligence artificielle qui pourrait diriger un grand nombre de petits drones. Chez les oiseaux ou les groupements de certains poissons c'est l'âme de groupe qui dirige ce comportement parfaitement synchronisé d'un groupe. Lors de soins à distance, que des Dévas et anges du paysage m'ont demandés de faire, je décris des situations avec des animaux et leur âme de groupe. Voir section 5.1.7.

Tout au long de ce livre je vais décrire de nombreux exemples de la manière dont des êtres très différents les uns des autres s'influencent mutuellement.

Photo: Jan van Ijken

Chapitre 2

L'éternel challenge : Croyances, foi et faire confiance

L'Invisible et la question de nos croyances

Ceci est en fait une question centrale, car notre culture nous a très mal préparés à percevoir et apprécier l'invisible. Le terme 'énergie' nous sert de dénomination pour tout ce qui est invisible. La bonne centaine d'illustrations de ce livre tente de pointer vers l'invisible. J'y ai parfois superposé quelques structures d'énergie que l'on peut percevoir afin de montrer par exemple où se trouve une Déva d'un groupe de fleurs du même type. L'aspect énergétique sur ces illustrations et photos peut assez facilement être vérifié par le lecteur au moyen d'un pendule, de son ressenti de la main, d'un petit lobe antenne Hartmann, etc. Une grande partie des informations de ce livre provient de mes esprits invisibles, la plupart du temps il s'agit de C.

Nous ne sommes pas condamnés à opérer avec une foi aveugle. Nous pouvons compléter et vérifier nos perceptions et intuitions petit à petit avec nos propres expériences. Cela demande du temps, de la discipline, de la patience et requiert avant tout une capacité de distinction croissante afin de discerner entre la réalité 'invisible' et ce que nos propres ambitions égotiques peuvent créer comme fantaisies et illusions. Il y a une raison à ce mécanisme : Un chakra du plexus solaire, pas assez transformé, est le siège de notre égo, le siège de nos peurs. Ce chakra est étroitement lié au sens de la vue. Des illusions peuvent ainsi avoir leur source dans ce chakra du plexus solaire. Parvenir à une capacité de distinction réelle demande un travail sur soi-même. Ceux qui ne reconnaissent pas ce piège, sont fort probablement déjà pris dedans.   (voir appendice sur C et ma méthodologie)

2.1.   nos partenaires invisibles

Regardons pour commencer la hiérarchie des êtres angéliques et quelques-unes de leurs tâches.

Personnellement je n'ai jamais vu d'anges. Cela ne m'empêche pas de n'avoir aucun doute sur leur existence. Les nombreuses conversations avec C, dont le tableau des 21 sphères de la dimension divine n'est qu'un exemple, m'ont conforté et instruite. En outre mes croyances concernant la dimension divine et ses êtres sont fondées sur mon expérience personnelle de nombreuses années. Il s'agit de ressenti, d'observations d'énergie et de quelques expériences et visions en méditation. Je souligne le mot 'personnelle' car chacun de nous doit baser ses croyances sur ses propres expériences. Sans cela elles restent de l'ordre de la foi aveugle, qui consiste souvent à avoir copié, sans réfléchir, les opinions des autres. L'expérience personnelle est irremplaçable, même si elle risque de sembler assez humble au début. J'y reviens dans le paragraphe suivant.

Mes observations qui vont suivre tout au long du livre se réfèrent principalement à des colonnes d'énergie de tailles différentes dans la nature ainsi que quelques autres phénomènes énergétiques. A l'aide du lobe antenne Hartmann il m'a été possible de demander ce que ces colonnes étaient. Est-ce qu'il s'agissait d'êtres ou simplement de structures énergétiques comme des points étoiles, des colonnes cosmo-telluriques, etc. Etant donné qu'avec cette petite antenne je ne peux recevoir que des réponses en oui ou non, il m'est nécessaire de parfois poser une liste de questions afin de savoir de quel être il s'agit. Je suis convaincu

que ce sont des esprits, la plupart du temps C, qui activent, par l'intermédiaire du champ éthérique, les mouvements du lobe antenne et me donnent ainsi la réponse. Leurs réponses sont précises et ne peuvent être anticipées. Les phénomènes énergétiques peuvent souvent être perçus par les personnes présentes. En ce qui concerne les réponses, nous devons les accepter telles quelles. Je vais raconter les rencontres avec des êtres avec lesquels je n'aurais jamais rêvé pouvoir entrer en contact ou encore leur être utile.
(voir page 242 pour la présentation du lobe antenne Hartmann).

Mon challenge était de faire confiance à leurs réponses et d'accepter les demandes d'aide de certains êtres. Ethiquement il ne m'est pas possible de décliner une demande d'aide de leur part. Ceci dit j'ai entrepris toutes sortes de tests afin de vérifier leurs réponses (p. 251). Mon expérience et mon savoir sur l'énergie m'ont beaucoup aidé. Ultimement cependant il m'est impossible, pour des raisons d'éthique scientifique, de laisser le doute l'emporter. Si je refuse une réponse, alors le doute peut tout éroder. Je ne me suis jamais surestimé au sujet des demandes d'aide d'esprits de la nature. Je pars du principe que ces êtres savent ce qu'ils font et que s'ils me formulent une demande, ils savent que je peux contribuer à quelque chose d'utile, même si en général je suis bien incapable de comprendre pourquoi et comment.

C'est un fait : tous les êtres de la dimension divine, comme tous les esprits de la nature, sont généralement invisibles. Etant, à mon avis, aujourd'hui contraints à coopérer avec eux, le fait que ces êtres soient invisibles est peu pratique. L'invisibilité a certes ses raisons. Personnellement je pense que notre vie sur terre exige de nous précisément cet effort : malgré notre existence matérielle, il ne nous faut pas oublier notre provenance spirituelle. De toute façon personne ne voit le Créateur. Et malgré tout nous devons nous rendre à l'évidence qu'il y a une intelligence créatrice qui opère en arrière fond. La foi est un sentiment qui demande un effort et sans laquelle nous ne pouvons exister. La clé réside en notre cœur.

En même temps les 'choses' bougent ces dernières années d'une manière impressionnante. Certains types d'esprits entreprennent de gros efforts afin de se rapprocher de notre monde notamment en densifiant partiellement leur énergie. En parallèle beaucoup d'humains font des pas en direction d'une perception subtile. Des changements extérieurs au niveau énergétique soutiennent ce processus. Les mondes se rapprochent. Nous y reviendrons dans le chapitre 5.1. Toute une série d'excellentes publications de ces dernières années nous aident. [1, 2, 3]

Les êtres invisibles sont, dans mon observation, organisés la plupart du temps de manière hiérarchique différente de ce que nous connaissons d'habitude, c.à.d. ils ont d'une part un mentor ou coach expérimenté à leur côté ou au-dessus d'eux. D'autre part ils peuvent à leur tour, et grâce à leurs propres expériences, servir comme mentor à des êtres moins expérimentés. Dans ce type de **hiérarchie** il s'agit surtout de se rendre service et non de donner des ordres. C'est une hiérarchie fondée sur l'expérience et l'expertise.

Je pense pouvoir observer surtout deux types de hiérarchies : celle des êtres angéliques et celle des esprits de la nature dans le sens large du terme. La première je la présente dans l'appendice. Mes partenaires C m'ont considérablement aidé à la comprendre. Dans ma compréhension la hiérarchie angélique a comme tâche principale de faire descendre vers nous des impulsions divines avec la qualité de lumière-véritéamour. Comme nous l'avons vu plus haut les êtres angéliques n'éprouvent apparemment pas d'émotions. Ils n'ont pas de libre arbitre au même sens que nous, mais sont en premier lieu au service de tous les êtres. Dans la liste qui figure dans l'appendice nous trouvons aussi des êtres sensibles. Ils n'appartiennent cependant pas à la hiérarchie angélique au sens strict du terme. Ils collaborent simplement étroitement avec les anges.

La deuxième hiérarchie, celle des esprits de la nature est elle, selon mes observations, structurée en plusieurs branches. Celles-ci se déploient en parallèle même si elles se rejoignent toutes plus haut dans la hiérarchie. Je vais me concentrer pour le moment sur trois de ces branches :

- les élémentaux (esprits de la nature organisés selon les cinq éléments *terre, eau, feu, air, espace*)
- les Dévas, ainsi que
- les Dagdas

Je mentionnerai plus loin les elfes, les êtres du monde magique ainsi que ceux du monde mythologique. Dans le prochain chapitre je reviendrai en détail sur l'organisation des mondes invisibles.

La plupart des esprits de la nature sont des êtres sensibles, c.à.d. qu'ils éprouvent de la joie et de la souffrance. Des disharmonies, injustices, cruautés et autres inattentions les blessent. Harmonie, respect, coopération, succès et beauté leur procurent de la joie.

2.2. les obstacles de nos croyances en nous

J'aimerais commenter la colonne centrale du graphisme suivant avec ses obstacles vers le haut et vers le bas. Je perçois dans mon travail d'enseignement trois 'chantiers'

permanents en nous, concernant ce sujet :
1. la transformation vers notre propre centrage
2. notre ouverture vers 'le haut'
3. notre ouverture vers 'le bas'

Ce sont nos convictions et croyances qui déterminent comment nous voyons le monde visible mais également le monde invisible.

J'enseigne depuis de nombreuses années la transformation personnelle et le développement spirituel. Nos structures de pensées et nos croyances fondamentales se trouvent dans nos courants de croyances (voir illustration à la page 42). Ceux-ci se répandent depuis le centre de la tête, en sortant juste au-dessus de oreilles, pour s'étendre horizontalement à plus d'un mètre de chaque côté. Le courant gauche contient les structures de pensées que nous avons reprises automatiquement d'autorités extérieures, généralement nos parents. Dans le courant droit se trouvent nos croyances essentielles que nous avons vérifiées et élaborées nous-mêmes au fil du temps. Ces deux courants de croyances sont le fondement de notre pensée, de notre foi, de notre perception, de notre expression et de nos actions. Ils forment la première transposition horizontale ou manifestation du courant vertical d'amour-lumière-vérité venant 'd'en-haut'. Nous sommes entièrement libres d'exprimer cette énergie d'origine divine dans notre vie ou non.

Au niveau énergie je peux souvent observer des obstacles dans ce courant vertical mais également des êtres de lumière qui nous aident et nous protègent. Sans rentrer ici dans la description des étapes de transformation personnelles (voir à ce sujet mes livres [4, 5, 6]), nous pouvons constater que tous nos chakras principaux sont situés sur ce courant central tout comme notre colonne vertébrale. Le travail de transformation des chakras avec leurs thèmes spécifiques forme le premier 'chantier' dans l'évolution personnelle. Ce travail mène à une ouverture progressive du cœur vers la compassion, la joie, la vitalité et une spiritualité vécue.

Le courant vertical est ainsi central dans notre existence. Il est notre lien avec le 'ciel' et la 'terre', le haut et le bas, le Divin et la Création. Je rappelle les deux définitions sur lesquelles je fonde mes réflexions :

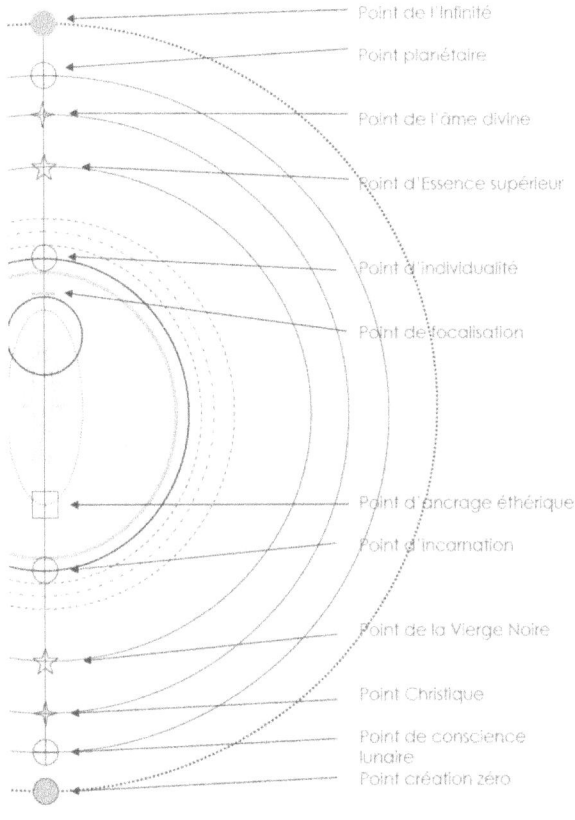

Point de l'Infinité
Point planétaire
Point de l'âme divine
Point d'Essence supérieur
Point d'individualité
Point de focalisation
Point d'ancrage éthérique
Point d'incarnation
Point de la Vierge Noire
Point Christique
Point de conscience lunaire
Point création zéro

> Le terme 'saint' fait référence à des lieux et des actions qui sont dédiés au Divin et à la Création.

> Redevenir 'sain' (d'esprit) est un processus qui permet à la personne de replacer le sacré au centre de sa vie.

Ainsi toute guérison ou régénération profonde est rendue

possible lorsque nous devenons conscients de ce courant vertical et l'exprimons dans notre vie par nos attitudes et actions. Les bonnes intentions ne suffisent pas. Ce processus active la transformation et amène un dialogue continu avec 'le haut' et 'le bas' ; d'où mon expression de 'chantier permanent'.

Lorsque nous suivons ce courant vertical vers le haut, nous pouvons apercevoir les endroits où par exemple des émotions douloureuses peuvent s'accumuler. Cela est le cas de la zone de focalisation à environ 1 m au-dessus de la tête. Dans ma compréhension nous y trouvons p.ex. nos doutes concernant le Divin, l'existence d'un créateur, nos conflits avec l'église, etc. A cet endroit nous pouvons également trouver nos sentiments d'infériorité concernant ce sujet 'du haut', p.ex. de ne pas mériter ce contact avec le Divin. Tout notre héritage religieux teinte nos considérations. Ce courant vertical ne peut fonctionner librement tant que nous n'avons pas fait la paix avec notre héritage religieux. Nous ne pouvons avancer sans séparer l'église et son histoire humaine de la dimension divine. Ceci est le deuxième 'chantier' du travail de transformation.

Le troisième 'chantier' concerne la prolongation du courant vertical vers le bas, jusque loin sous nos pieds. Cela représente un voyage essentiellement vers le naturel, un voyage vers la terre-mère, la mère primordiale, la Vierge Noire mais aussi notre subconscient collectif.

2.3. notre méfiance du 'monde d'en bas'

Depuis quelque temps il me semble percevoir dans la force de gravité comme un appel d'amour provenant de la terre-mère. C'est un appel à enfin revenir vers le naturel, le simple, l'évident. Notre héritage culturel a encombré cet espace sous nos pieds avec de nombreux concepts et croyances négatifs. Cet espace fait partie du subconscient collectif. Par exemple : La biosphère des sols et sa microbiologie sont largement inexplorées. Et cependant elles sont les bases de notre vie et de notre alimentation. Cette ignorance nous a apporté une dégradation catastrophique de la qualité de nos sols. Hadès, dieux des mort de la Grèce antique, en fait partie, le monde des morts, des enterrés, des démons et autres figures de notre fantaisie ainsi que notre représentation de l'enfer qui se trouverait également en bas. Longtemps nous avons même inculqué à nos enfants que la terre était sale, plein de microbes et autres bestioles. Cela n'est pas ma vision de la terre.

Il y a quelque temps je suis tombé sur ce tableau de 1502, peint probablement par le peintre russe Dionysius représentant 'Le voyage du Christ dans l'enfer'. Nous y voyons comment le Christ, après sa crucifixion, entreprend un voyage de trois jours dans les profondeurs de la terre. Marie-Madeleine était apparemment la seule à l'attendre à son retour et à ne pas l'avoir laissé tomber pendant ce voyage. Elle en parle dans son évangile gnostique. Malheureusement ce sont précisément ces pages qui nous manquent encore où le Christ raconte ce qu'il a rencontré lors de ce voyage et comment il a vaincu les démons qui s'y trouvaient. En d'autres termes il nous dit comment il a apporté l'énergie de Lumière, Amour et Vérité jusque dans les profondeurs de la terre. Ainsi il a commencé à transformer le subconscient collectif avec cette énergie d'Amour et de Lumière. Nous pouvons comprendre ce processus comme faisant partie de la revitalisation de la terre. Dans ce tableau j'ai été interpellé par ces douze points blancs. Pourquoi l'artiste les avait-il peints ? Car chacun de ces points manifeste une concentration d'énergie qui est palpable. Avec l'aide de C je me suis souvenu que nous avions élaboré ensemble une illustration que j'avais publiée dans un de mes livres [6]. Il semblerait exister un lien entre ces points lumineux et les douze archanges. Ceux-ci auraient accompagné le Christ, selon C, lors de cette mission vers les profondeurs. Je laisse les lecteurs découvrir par l'intermédiaire d'un pendule, d'un lobe-

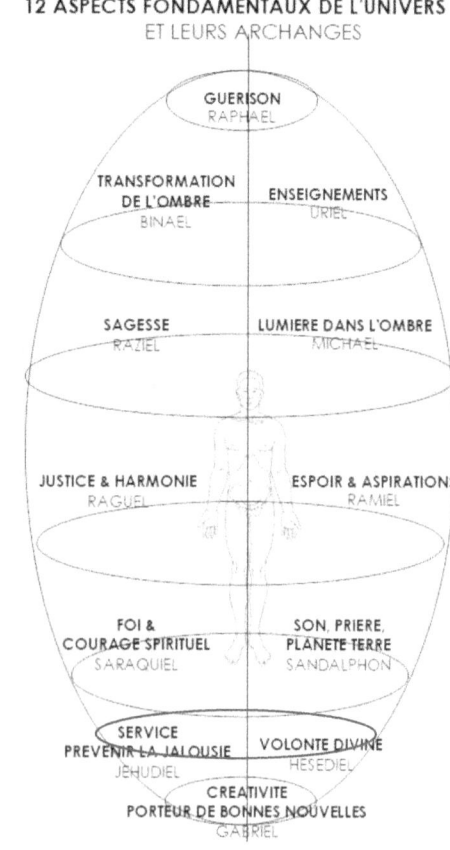

antenne Hartmann, etc. quel archange est associé à quel point. Cela amène une surprise que je vous laisse dévoiler.

La représentation des 12 nobles aspects de l'univers se base sur des informations que C m'a données. Les sept disques horizontaux correspondent aux sept chakras. L'agencement des aspects en 3D autour de notre corps n'est pas dû au hasard.

2000 ans après ce voyage du Christ avons-nous vraiment compris ce qu'il nous a montré ? Avons-nous laissé l'énergie de lumière et d'amour pénétrer dans nos profondeurs ? Lorsque nous tentons un aperçu de ce laps de temps, nous pouvons facilement nous rendre compte combien notre culture a diabolisé cet espace : elle a rendu difficile pour l'énergie d'amour et de lumière de vaincre définitivement nos fantaisies du diable, des démons, de la magie noire, de la diabolisation du féminin et ses buchers. Cela explique notre manque de considération envers la terre.

Dans ma perception le siège de la Vierge Noire, la déesse de la terre, se trouve loin sous nos pieds (voir le graphisme p. 40). Elle est en même temps la reine de l'univers, la reine de la nuit. Elle est un mystère. Dans le chapitre 4 j'en parlerai plus amplement (4.6. / p. 174). Fait intéressant : Elle dirige elle-même tous les élémentaux qui agissent dans nos sols, tandis que les airs, les eaux et les espaces qui se trouvent sur la surface de la terre sont dirigés par des êtres de la hiérarchie des anges.

Combien tout mouvement naturel embrasse cette descente nous est montré par le comportement des éléments *eau et terre*. Tous deux sont soumis à la force de gravité et s'enfoncent pour atteindre à tout moment leur point de repos naturel. Dans le cadre du développement personnel nous faisons l'expérience que les éléments *terre* et *eau* sont liés aux deux chakras du bas, là où se trouve également notre subconscient au niveau énergie. Lors du processus de transformation il est indispensable de faire descendre l'énergie de lumière et amour pour la laisser atteindre ces zones. Le parallèle avec l'enseignement du Christ est évident. L'amour pour la terre est en même temps un amour envers nous-mêmes. Le respect pour la terre est un respect qui nous inclut. Ceci est indispensable pour notre avenir et pour la paix en nous et autour de nous.

2.4. Perception et communication
de l'invisible dans notre environnement proche

Si je comprends bien les enseignements des anciens druides sur les trois cercles d'initiation (voir 3.5.1.), ceux-ci nous expliquent les étapes à suivre pour atteindre une guérison profonde. Ces enseignements nous viennent très probablement de l'ancienne Egypte par l'intermédiaire de l'école des mystères d'Eleusis en Grèce puis d'Alésia au sud de Besançon. Symboliquement ces enseignements nous sont parvenus en même temps que la Vierge Noire, l'Isis de l'Egypte ancienne. Les endroits dans lesquels ces trois initiations ont été enseignées sont perceptibles au niveau énergétique par trois cercles concentriques dans le paysage qui entourent les lieux d'enseignement anciens ou présents. Ceci est le cas par exemple pour Vézelay, Alaise-Eternoz (Alésia), le Mont Lassois, le Ménez Bré en Bretagne, le château de Lenzburg en Suisse, Cazenac sur Beynac en Dordogne et bien d'autres. Ces centres d'enseignement druidiques étaient en fonction vers la moitié du premier millénaire avant J.C.

« En bas comme en-haut » est un vieil enseignement qui nous provient de l'ancienne Egypte. Energétiquement nous

pouvons observer que le point de la Vierge Noire (voir illustration p. 40 et dans l'appendice) se déplace chez un individu, lors du processus de développement, progressivement vers le cœur. Parallèlement la lumière du haut descend en même temps vers le cœur. Les indiens Hopi nous apportent une merveilleuse prière qui va dans le même sens:
« *Que le père Ciel et la mère Terre puissent se rejoindre dans mon cœur aujourd'hui et y rester à tout jamais.* »

La perception et la communication avec des êtres de la dimension invisible demande une préparation. Si cela arrive parfois spontanément c'est que les conditions requises sont remplies. Si non, cela ne fait pas de doute pour moi, il faut passer par les étapes d'initiation comme nous les enseignent les trois cercles druidiques. Si nous ne nous acceptons pas nous-mêmes ainsi que les bases de notre vie actuelle, cela n'a pas de sens de vouloir communiquer avec les dimensions invisibles. C'est évident. Car cette communication s'effectue à l'aide des chakras du cœur et du hara. Ce dernier nous permet l'accès naturel au monde éthérique, étant donné qu'il existe un lien très fort entre le hara, l'élément *eau* et le champ éthérique dans lequel les esprits de la nature habitent normalement.

Au-delà de ces considérations chacun aura vraisemblablement une manière individuelle pour trouver ce contact avec l'invisible. Pour moi cela avait commencé il y a bien longtemps en remarquant des colonnes d'énergie dans la nature. Pendant des années je ne savais pas ce qu'elles étaient. C'est seulement lorsque j'appris à utiliser le lobe-antenne Hartmann que je reçus un contact avec ce collège d'esprits C. Je pouvais alors leur demander : Est-ce que cette colonne est un être ? Est-ce un être bienveillant, un être de lumière ? Est-ce qu'il va bien ? Est-ce que je peux faire quelque chose pour lui ? etc. Ce lobe-antenne n'est qu'un outil. C'est lorsque j'étais prêt intérieurement que ce contact arriva un jour. Il n'y a pas de raccourcis que je connaisse.

Cela ne doit pas nous empêcher p.ex. de saluer une Déva d'un arbre ou d'une tulipe, de les remercier et de leur dire que leur œuvre nous réjouit. Ce sont là des expressions de notre cœur, exactement cette partie de la communication qui nous est accessible à tout moment, gratuitement et sans attendre de contrepartie …et qui est la porte vers une communication vers ces êtres.

Nos structures de croyances déterminent et limitent notre perception. Ceci est une explication possible au fait que les structures d'énergie que je décris dans le chapitre 3.5. n'ont jusqu'à aujourd'hui pas ou peu été observées. Il est fort probable que ces structures ne puissent pas être perçues tant que la personne n'est pas convaincue qu'elles existent. Ce sont là les tours que notre perception peut nous jouer. Si l'on doute de l'existence d'un Créateur, on aura encore pus de mal à croire en l'existence d'anges ou d'esprits de la nature présentés dans le tableau page 62.

Dans quelle mesure les animaux sont-ils des êtres sensibles ?

Soucieux de faire de mon mieux pour expliquer la nécessité de coopérer avec les intelligences invisibles, voici l'exemple de notre **purificateur d'eau**, objet qu'on achète souvent à prix fort. Ce modèle est fait d'un caisson contenant de l'eau informée et donc d'une grande pureté. Elle est censée purifier et transformer l'eau qui la traverse dans un tuyau. Cet aspect physique fonctionne très bien ….un certain temps. On a tendance à oublier que c'est l'ondine qui fait l'essentiel du boulot et est assistée elle–même par toute sa hiérarchie d'élémentaux de l'eau (voir 4.3., p. 166). Elles ne peuvent cependant pas éternellement faire ce travail sans l'apport de l'être humain sous forme de pensées de lumière et d'amour. Je prends donc de temps en temps le caisson entre mes mains et fait ma prière en demandant que cette ondine soit aidée par ceux qui apportent lumière et amour. L'effet se fait sentir immédiatement. Entre autres il n'y a plus de dépôt de calcaire dans la bouilloire ! L'ondine me dit qu'il faut répéter cela toutes les dix semaines.

Quand cesserons-nous de croire que nous pouvons nous passer de ces êtres et leur savoir en achetant tel gadget, telle pilule, telle machine ou ces services pour nous dédouaner de notre part de responsabilité ? Cette prise de conscience fait partie de notre problème 'écologique' - ou faudrait-il dire 'égologique' ?

Le Créateur

êtres angéliques

Esprit de l'Europe

Ange ou Esprit de la Nation

Anges des régions

Anges du paysage

Anges des Communautés humaines

LA CREATION / LE MONDE VISIBLE

esprit des villes et villages

ange des églises

Elémentaux

Dévas

Esprits de la Nature

Dagdas

Elfes

La Vierge Noire

Chapitre 3

Voici ces êtres sortir de la brume
après des siècles confinés dans nos légendes et contes de fées.

L'organisation du monde invisible

Nous ne saisirons probablement jamais toute la complexité de la dimension invisible. Il me semble cependant instructif d'essayer d'en esquisser les contours. En allant au-delà des concepts dépassés et un peu naïfs cela démystifie cette dimension invisible et en même temps nous remplit de respect et d'admiration. Les noms utilisés ne sont pas très importants. D'autres utilisent d'autres noms pour ces êtres. Moi, j'utilise les noms en accord avec C. Les structures hiérarchiques que nous y rencontrons un peu partout sont moins des hiérarchies de commandement que des hiérarchies naturelles fondées sur l'expérience 'des anciens' qui forment des échelons de coachs, d'accompagnateurs et de conseillers. Dans un premier temps nous pouvons distinguer deux groupes d'êtres invisibles :

- la hiérarchie des anges, créés par le pôle masculin, le Créateur et
- les hiérarchies des esprits de la nature au sens large du terme : les élémentaux, les Dagdas et les Dévas, tous créés par la Déesse de la Terre, le pôle féminin.

Cette multitude d'êtres que je vais présenter coexistent tous dans chaque endroit où nous nous trouvons. Il n'existe pas de 'zones blanches' pour aucune des catégories ou niveaux d'êtres. Cela vaut la peine de se rappeler cette complexité de l'organisation des mondes invisibles. Tous les esprits de la nature dans le sens large du terme, comme aussi les anges, semblent attacher beaucoup d'importance à avoir chacun **un endroit d'ancrage** concret sur terre. Je suppose que cela leur permet de mieux faire descendre et d'ancrer les énergies du champ Divin. Ceci semble être une des fonctions majeures des êtres angéliques, mais aussi des Dévas. Leurs sphères d'influence et d'action s'organisent alors dans un certain périmètre autour de leur point d'ancrage. La Vierge Noire me dit que c'est elle qui attribue tous les endroits d'ancrage à tous les êtres. Dans ce qui suit je vais donner un aperçu de ces différents êtres. Selon leur rayon d'action, leurs tâches et degré d'expertise change. Tout 'en bas' nous avons les plantes, les fleurs et les arbres avec leurs très petits élémentaux. Puis nous parlerons des parcelles de jardins, de forêts, de prés, etc. pour aller vers des rayons de plus en plus grands, comme les environs immédiats, la région, la nation, le continent et puis la terre.

3.1. Le champ Divin et ses 21 Sphères

Le concept d'un Dieu ou même d'un Grand Esprit demande à être affiné. J'aimerais essayer d'étayer cette image d'une énergie divine ou d'un champ divin. Nous pouvons nommer une partie des mondes invisibles comme étant 'le champ divin'. Celui-ci comprend des esprits respectueux de notre libre arbitre. J'utilise l'expression 'êtres de lumière' pour les désigner. En coopération avec C, ce collège d'esprits, il m'a été possible d'obtenir un aperçu plus détaillé de ce champ divin. Ce que nous avons nommé idée, intuition, inspiration, sentiment, voire parfois hasard, reçoit ainsi un 'expéditeur', une source. Cela nous permet de réaliser combien ces mondes 'parallèles' sont riches et complexes.

Lorsqu'un jour j'ai demandé à C combien de niveaux ou de

sphères la dimension divine comprenait, ils m'ont répondu: 21. Ces sphères restent pour nous difficilement saisissables. Cela ne nous empêche pas d'entrevoir les tâches des êtres de chaque sphère. Ces aperçus m'ont rempli d'admiration, de respect, voir d'étonnement. La hiérarchie principale dans le champ divin étant la hiérarchie des anges, celle-ci comprend, dans la mesure où j'ai pu le comprendre, quatre catégories principales :

3.1.1. Le niveau de la **Trinité** : comprenant le Créateur, la Vierge Noire, le Saint Esprit, le Christ, Allah, Bouddha, le Grand Esprit des indiens d'Amérique du nord, ainsi que de hauts esprits de toutes les cultures (sphère 21).

3.1.2. Les **dirigeants** (sphères 17-20) comprenant les Cupidons/17 (ces haut-anges des Arts, de la Beauté et de l'Amour), les Trônes/18, les Chérubins/19, et les Séraphins/20.

3.1.3. Les **administrateurs** ou **exécuteurs** (sphères 12-16), comprenant les 'Seigneurs' ou Archaï/12, les 'Kyriotetes'/13, les 'Puissances' ou Exusiai/14, les 'Vertus' ou Dynameis/15, et les 'Dominations'/16.

3.1.4. Les **transmetteurs, médiateurs** ou **messagers** (sphères 1-11) qui ont par moments un contact direct avec des humains et des esprits de la nature : anges gardiens, archanges, anges du paysage, anges régionaux, anges des nations, ange de la planète terre, anges des églises, etc. Cette catégorie est celle à laquelle nous pensons lorsque nous parlons généralement d'anges : les anges comme messagers apportant des messages divins.

Vous trouverez la liste des 21 sphères dans l'appendice. Elle devra certainement, au fil du temps, être complétée. Cela restera probablement ainsi, car elle n'est qu'une fenêtre vers l'inconnu, vers le mystère. Quelques-uns des êtres sur la liste sont aussi des êtres sensibles. Les anges, si je comprends bien

C, sont cependant essentiellement des êtres qui ne ressentent ni joie ni souffrance. Ils ne comptent donc pas parmi les êtres sensibles. Ce qui ne les empêche pas d'avoir plein d'autres grandes qualités spirituelles. Les anges n'ont jamais été incarnés sur terre. Tous les êtres du niveau 21 sont eux cependant des êtres sensibles.

Nous avons peut-être tendance à penser que les êtres du champ divin seraient des êtres distants loin des préoccupations humaines. Je pense observer au contraire, que les êtres de lumière de la dimension divine nous sont bien plus proches que nous ne pensons. Ils semblent voir notre existence commune comme une circulation, un échange continu et une coopération indispensable à laquelle ils sont prêts. Du fait de leur respect de notre libre arbitre ils attendent patiemment que nous venions vers eux et acceptions cette coopération. Ils participent intensément à nos joies et souffrances. Je suis convaincu qu'une grande partie de la régénération de la terre est notre participation active au sacré, notre ouverture mentale et ressentie envers ces êtres de lumière de la dimension divine. J'y reviendrai.

3.2. **Les anges des communautés humaines**

Je vais explorer dans ce qui suit la hiérarchie des anges qui accompagnent les communautés humaines. Il s'agit d'êtres angéliques qui s'occupent de hameaux, de villages, de villes, des quartiers de ces villes, des entreprises, écoles, universités, associations, etc. Toutes ces communautés ont au-dessus d'eux leur **ange de district** ou de canton. Ces districts ne sont pas organisés selon des critères administratifs dans le sens politique. Il s'agit d'une division territoriale socioculturelle où les gens se sentent faisant partie p.ex. d'une vallée, d'une petite région historique, d'une partie particulière d'une ville comme 'le vieux port', 'la vieille ville', 'Montmartre', 'le quartier latin', 'le Marais', etc. Chez nous en Dordogne par exemple le Périgord Noir a son propre ange de district auquel tous les anges jusqu'à ceux des tout petits hameaux sont attribués. Le rayon d'un ange de district fait environ une vingtaine de km autour de son point d'ancrage. Leur supérieur est l'ange régional.

C me renseigne sans hésiter sur le pourcentage de l'énergie d'un ange d'une communauté actuellement utilisée par la communauté. Lorsque je demande ce qu'il en est de **Paris** (le centre historique), il me disent – en juin 2015 – 72%, en avril 2018 – 69%, fin juillet 2018 – 93% (grâce au mondial de foot gagné ??) ; pour **Berlin** (centre) en juin 2015 – 50%, en avril 2018 – 52% ; **Zurich** (centre ville) juin 2015 – 73%, avril 2018 – 76% ; **Londres** (centre) juin 2015 – 30%, avril 2018 – 40%, fin juillet 2018 – 43%. Ces chiffres sont soumis à des fluctuations et dépendent, entre autres, de l'histoire actuelle. Cela inclut les pics de la saison touristique par exemple. Nous y reviendrons dans l'exemple de l'ange de l'Europe.

Comment se fait-il que des grandes villes arrivent à un taux si élevé ? En ce qui concerne les centres historiques de Paris et Zurich par exemple, que je connais bien mieux que Berlin ou Londres, il y a certainement la maintenance de l'architecture magnifique, la culture (musées, salles de spectacle, congrès, etc.), l'environnement, les parcs, la propreté, la sécurité, l'aménagement végétal et floral, l'enthousiasme, la reconnaissance et la joie des touristes et visiteurs, etc. Zurich bénéficiait longtemps de la première place parmi les villes du monde avec la meilleure qualité de vie.

Au final tout tourne autour de l'amour, de la compassion, du respect et de l'appréciation des valeurs spirituelles (voir p. 158 et 162) ainsi que du degré de l'utilisation des 'passerelles' entre les mondes. En font partie, dans un sens plus profond, la guérison spirituelle et le bien-être d'une communauté. Tout comme les excellents cahiers de Flensburg avec leurs nombreux interviews d'esprits de la nature vont contribuer à un élargissement de disciplines scientifiques, nous pouvons imaginer que quelques-unes des idées esquissées ici pourraient apporter une nouvelle compréhension de ce qui contribue à la santé d'une communauté : sentiment de joie, de paix, de justice sociale, de santé mentale et physique, de la beauté d'un endroit ainsi que neutralisation des effets contreproductifs de la consommation de médicaments contre l'angoisse ou la dépression.

3.2.1. Les principes d'une coopération
Me viennent à l'esprit trois principes fondamentaux :
- pureté et sincérité de notre motivation
- notre volonté de contribuer au bien-être commun
- notre réceptivité par rapport aux impulsions divines

3.2.2. L'esprit de nos villages et quartiers
Nous parlons normalement d'un 'bon esprit de village' sans nous y attarder plus longtemps. Ceci serait le cas pour une communauté avec par exemple une vie culturelle active, de l'entraide et du respect pour les habitants. Le terme d'esprit de village est cependant davantage qu'un concept abstrait. Car nous trouvons effectivement un ange situé le plus souvent au beau milieu du village ou du quartier. Comme ses collègues, il fait descendre de l'énergie divine et la met à la disposition de la communauté. La part de cette énergie réellement utilisée et qui inspire la communauté ou lui donne des ailes dépend des attitudes et actions des membres de cette communauté. Aussi ces anges se sentent-ils plus ou moins utiles et appréciés.

Ce qui est déterminant est la mesure dans laquelle les habitants respectent ces êtres et coopèrent avec eux, voire leur demandent parfois de l'aide. Etant donné que ces êtres, faut-il le répéter, respectent notre libre arbitre, ils n'entreprennent rien tant qu'ils ne sont pas sollicités. Cela peut se faire sans forcément les nommer, mais à l'aide d'un souhait, d'une ouverture vers une impulsion qui pourrait venir 'd'en haut'. Dans la plupart des villages des alentours où nous habitons ces anges des communes arrivent à peine à transmettre 30% de leur énergie. Ce n'est pas beaucoup évidemment. Ce pourcentage peut varier de jour en jour et semble dépendre entre autres :

- du respect et de la compassion envers la nature (et du degré de pollution)
- du respect pour les animaux (domestiques ou sauvages)
- du degré de coopération des habitants avec les esprits de la nature, les Dévas et anges
- des activités culturelles, religieuses, sociales
- des prières utilisées dans la vie quotidienne
- de la foi des habitants
- du respect et de la compassion entre les habitants
- de l'entraide
- du sens de communauté, d'être responsable pour ce qui s'y passe
- du degré de gratitude envers la création
- du degré de soins des habitants apportés envers leur propre corps
- de la gratitude et de la réceptivité envers l'esprit de la communauté
- de l'attention que les habitants portent à la beauté et à la culture de leur ville/village, etc.

En utilisant le mot 'prière' il ne s'agit pas d'un rituel particulier, plutôt d'une attention reconnaissante et d'une reliance chaleureuse et sincère. L'utilisation des impulsions spirituelles 'd'en haut' permet à une communauté de recevoir de l'énergie d'une fréquence très élevée. Celle-ci contribue entre autres directement aux divers processus de guérison d'une communauté comme des évènements traumatiques (accidents, crimes, actes de guerre, catastrophes naturelles, chômage, etc.).

Je me suis intéressé à qui dans notre village contribuait à ce pourcentage – par exemple de ces 30% que j'ai mentionné. A l'époque le conseil municipal y contribuait à 1/5, la secrétaire de mairie à elle seule encore une fois 1/5, le comité des fêtes conventionnel 1/6, diverses personnes ensemble à 1/3. Nous ne devrions pas sous-estimer le fait que des individus peuvent contribuer et parfois même élever ce pourcentage bien au-delà des 30%.

Ainsi chaque village, chaque quartier, chaque ville a son propre ange ou esprit. Sa présence peut d'une part être perçue comme une colonne d'énergie qui s'élève quelque centaines de mètres vers le ciel pour y former un nuage horizontal. Au niveau ressenti nous pouvons percevoir son énergie comme étant quelque chose de fin, nous élevant, un sentiment joyeux et nous conférant respect et vénération. Au niveau des idées et des impulsions nous pouvons enregistrer des idées dont nous ne savons pas toujours attribuer la paternité. Nous pouvons comparer la perception de ces impulsions à nos interactions avec par exemple une plate-bande de fleurs dont nous nous occupons et qui nous confère des moments de bonheur. Gratitude et ouverture envers l'influence spirituelle crée une circulation d'énergie et de sentiments. Cela devient une fécondation et stimulation joyeuse mutuelle. (voir heptagramme de villes page 76)
Ces êtres ne chercheront jamais à nous octroyer quoi que ce

soit. Ils peuvent attendre pendant des décennies pendant lesquelles ils passeront inaperçus et seront peu sollicités. Leur patience est sans limite. Mais lorsqu'une communauté s'ouvre à eux et cherche une coopération, les résultats ne se font pas attendre. Cette coopération peut très bien se passer des termes que j'utilise ici. Le sentiment d'ouverture, d'intérêt sincère porté au bien-être de la communauté et la gratitude sont déterminants. Lorsque cette attitude est présente, les idées et impulsions nous arrivent, sans que nous sachions toujours d'où et comment. Ils pénètrent notre aura mentale puis entrent dans nos cœurs et cerveaux pour y devenir sentiments et pensées. Le chakra du cœur est la porte vers la dimension spirituelle et fait partie de notre aura mentale.

Les êtres de lumière font partie d'une hiérarchie. Une ligne de transmission fait descendre des impulsions de très haut et qui restent à notre disposition, en tant qu'individu comme au niveau collectif. Nous pouvons les ignorer ou les utiliser. Cette ligne de transmission fait également en sorte que les préoccupations des habitants soient véhiculées vers le haut.

3.2.3. Anges des lieux de culte

Nos églises sont en premier lieu des endroits de silence et de reconnexion avec notre for intérieur, notre cœur. Ce sont des endroits de gratitude et de connexion avec la création, les forces créatrices, le sacré. La plupart de nos églises ont été construites sur des emplacements d'églises plus anciennes, de temples romains et parfois même d'autres lieux de culte préchrétiens. (voir 3.5.2.) Lors de rénovations de cathédrales ou d'églises ont tombe régulièrement sur les vestiges des lieux de cultes précédents. L'archéologie énergétique nous montre que cette succession de lieux de culte à un endroit peut être parfois retracée sur plusieurs millénaires. L'organisation des églises de nos jours n'est pour ainsi dire qu'un hôte temporaire. Elle est une organisation essentiellement humaine et ne devrait en aucun cas être confondue avec la dimension divine qui habite ces lieux parfois depuis la nuit des temps.

Chaque église a un ange, comme tout lieu de culte, indépendamment de la religion. Celui-ci se trouve généralement au bout de la nef, du côté opposé à l'autel. Son emplacement se trouve de ce fait souvent près de l'entrée et au-dessus d'un carré magique (voir page 184). L'ange du lieu de culte est le représentant de la dimension divine et en est son serviteur. Il est presque toujours présent et souhaite la bienvenue à chaque visiteur. Je reviens sur ce 'presque' dans le paragraphe qui suit. Il fait tout son possible, afin que les visiteurs s'ouvrent à la dimension profonde du lieu et à leurs sentiments personnels.

Malheureusement j'observe des lieux où l'ange de l'église a été chassé. Alors il attend patiemment dehors, tout près de sa place attitrée. Il a été chassé par un ange déchu à cause d'un crime qui a été commis à un moment ou à un autre dans la longue histoire de cette église et cela en complicité avec les responsables de l'église de l'époque. Le sacré du lieu a été perturbé, blessé et demande guérison et rétablissement de ce sacré. Aussi longtemps que cette réparation n'a pas été faite avec succès, l'ange déchu va chercher à affaiblir la foi des visiteurs. Par cela il rappelle qu'il reste quelque chose à remettre en ordre, afin que le lieu redevienne pur et sacré. On ne peut pas contacter le Divin dans un lieu souillé. Il faut honorer le Divin en le laissant guérir et purifier les lieux avec notre aide. Ceci est un bon exemple d'une harmonie perturbée et qui demande souvent un effort collectif, impliquant la communauté ainsi que les autorités de l'église. (voir 5.2.4.)

Selon mon expérience environ 70% des églises de l'Europe de

l'Ouest sont orientées selon des grilles énergétiques qui confèrent au lieu un potentiel énergétique particulier. Si l'énergie du lieu est pure et activée, l'augmentation de son énergie sera supérieure à celle d'un endroit normal. Si l'énergie est soumise à une disharmonie, cet effet est également amplifié.

3.2.4. L'esprit d'entreprises, d'écoles, d'associations, etc.

De la même façon que dans les descriptions précédentes nous pouvons comprendre la fonction des anges dans les communautés économiques, scientifiques, pédagogiques ou socioculturelles. Ces communautés sont également là, on aurait tendance à l'oublier, pour le bien-être de leurs membres, utilisateurs et employés, mais aussi pour le bien-être d'un espace géographique bien plus large. Cela fonctionne d'autant plus que ces communautés n'ont pas comme objectif principal la cupidité, qui elle est fondée sur des peurs et non de la compassion. Cela ne veut pas dire qu'elles ne peuvent pas fonctionner en même temps sous des modèles de gestion efficaces propres à leur domaine. Car sur le long terme la survie de ces institutions dépend souvent du bien-être collectif, même si cela n'est pas le but principal.

3.2.5. Les anges de nations ethniques

Sous 6.1.10. je reviens sur les demandes d'anges de nations ethniques. Etant donné que les groupes ou peuples ethniques sont souvent négligés dans l'organisation politique des nations politiques, il me semblait nécessaire de les mentionner ici séparément. Car l'organisation politique d'un pays ne serait en harmonie avec son ange de nation que dans la mesure où les identités ethniques sont elles aussi respectées. Bien des organisations politiques ainsi que le dessin des frontières n'ont pas tenu compte de l'existence de groupes et peuples ethniques. Cela a engendré des conflits, des guerres et beaucoup de souffrance et cela jusqu'à nos jours.

3.2.6. L'ange de l'Europe

Plus loin, sous 3.4.3. je décris les tâches des anges des nations et sous 3.4.4. celles de l'ange de l'Europe. Voici les fluctuations étonnantes du degré de transposition de l'énergie d'inspiration de l'ange de l'Europe au cours des évènements dramatiques des années 2015 et 2016. L'Europe a traversé plusieurs grandes crises en 2015. Cela avait commencé par l'attaque de la rédaction du magazine Charlie Hebdo le 7 Janvier, puis la crise de la dette Grecque (surtout autour des dates du 22.2., 11.3., 19.6. et 16.7.), puis au mois de mai et juin l'arrivée massive de réfugiés et migrants à travers la Méditerranée, la Grèce et les Balkans vers l'Allemagne. Juste après les atten-tats de Paris il y eu cette impressionnante démonstration de millions de gens dans les rues de Paris le dimanche 11 Janvier. Cela donna à l'énergie de l'Europe sa première grande envolée pour atteindre les 75% et fût palpable dans l'atmosphère. Quelque chose d'inhabituel s'était passé. C'est alors que j'ai commencé à suivre les fluctuations de l'énergie de l'ange de l'Europe. Toutes ces crises successives, (il y eut aussi le référendum sur le Brexit le 23 juin 2016), ont déclenché des discussions et des mobilisations de citoyens à travers toute l'Europe, et cela continue. Quelles étaien les valeurs de l'Europe qu'il fallait renforcer ? Concernant les réfugiés : qu'est-ce qui allait prédominer, la peur ou la compassion ? Il y eut le groupe de Višegrad, puis les gouvernements de droite en Autriche et en Italie. Ces questionnements ne sont pas terminés.

Légende du graphisme qui suit – 2015-2016

3. Janvier	juste avant l'attentat de Paris sur Charlie Hebdo
11. Janvier	manifestation à Paris en réaction à l'attentat
22. Février	pourparler au sujet de la dette Grecque
11. Mars	une lueur d'espoir au sujet de la dette Grecque
24. Mars	le crash de l'avion de la compagnie Germanwings
7. Mai	les conservateurs gagnent les élections en Grande-

	Bretagne. On parle du référendum sur le Brexit Arrivée en masse de migrants en Europe
16. Juin	accord sur la dette Grecque
19. Juin	dernière ligne droite des pourparlers sur la dette
14. Août	l'accord sur la dette Grecque est ratifié Les gouvernements commencent à réagir
1. Sept.	Plus de 1000 Islandais déclarent être prêts à recevoir des réfugiés chez eux. Enthousiasme aussi en Allemagne avec des acclamations dans des gares lors d'arrivée de migrants

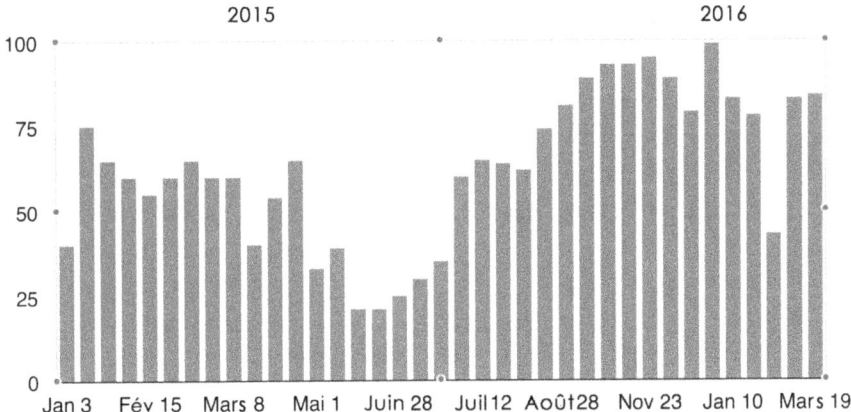

10. Oct.	Des dizaines de milliers de migrants arrivent en Europe chaque semaine. Début décembre des élections au Danemark et en France montrent les réactions de rejets des migrants
13. Nov.	Les deuxièmes attentats de Paris
12. Déc.	Succès de la Cop21, conférence sur le climat à Paris
Mi-janvier	les frontières tout au long de la 'route des Balkans' se ferment
26. Fév.16	réunion des ministres des affaires étrangères sans succès. Les 4 pays dits de 'Višegrad' coordonnent leur opposition à l'accueil de réfugiés
19. Mars	accord Turquie-Europe sur les migrants et réfugiés
Début avril	les 'panama-papers' sont publiés sur la fraude fiscale internationale

13. Mai	le parlement européen freine l'accord avec la Turquie ; Le débat sur le Brexit fait rage en Grande-Bretagne
30. Juin	après le référendum sur le Brexit les forces positives se mobilisent partout en Europe. L'énergie de l'ange de l'Europe est maintenant utilisée à 93% !

Pouvoir mesurer l'utilisation de l'énergie de l'ange de l'Europe peut sembler incompréhensible à première vue. Cependant un indice de ce genre est tout à fait concevable. Du reste la commission européenne publie depuis 1974 l'Eurobaromètre sur le degré de satisfaction envers l'Union Européenne. Il n'est cependant relevé que deux fois par an seulement. Les index boursiers réagissent bien minute par minute sur les évènements politiques et économiques. Si C me livre des chiffres très précis, ils sont comparables à ces divers index. Pour ceux que des nombres dérangent par rapport à la dimension divine : nature, musique, astrologie, les mesures du corps humain, etc. tout est sous-tendu de chiffres et de proportions mathématiques. Il existe une dimension spirituelle aux nombres. L'important dans le tableau précédent ce n'est pas les nombres mais les variations et leurs liens avec les évènements.

3.2.7. Heptagrammes de Potentiel / écrins du paysage
'Hepta' mot pour 'sept' venant du grec ancien.

Les heptagrammes suivants nous donnent la possibilité d'une lecture plus détaillée de la santé d'un organisme social et de l'utilisation de l'énergie de l'esprit d'un village, d'une ville, région, etc. Je les nomme aussi 'écrins du paysage', ce qui est un peu plus poétique et s'approche de l'utilisation dans la Geomancie suisse et allemande des termes 'Landschaftstempel' ou 'Landschaftshain'. Il existe cependant différents niveaux de conceptualisation (voir appendice).

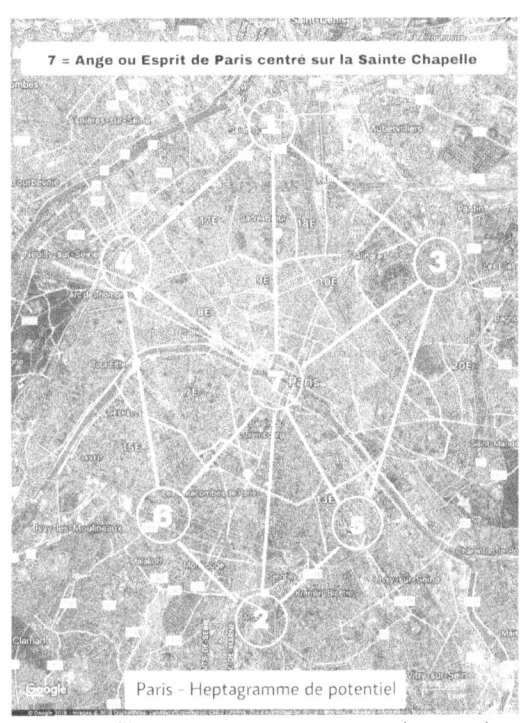

Je pense qu'il s'agit de 7 principes universels que nous pouvons retrouver dans les jours de la semaine, les gammes musicales, les chakras humains comme dans ces heptagrammes.
Voici l'exemple de **Paris** à l'intérieur du périphérique (niveau de pensée 4). L'ange de Paris, No 7, a sa place d'ancrage dans la Sainte Chapelle. Le cercle No 7 est le cœur et le lien avec le spirituel. Nous voyons en tout sept cercles. Sur le terrain, dans un village p.ex., ces cercles ont un diamètre d'environ 1 m. L'emplacement géographique du cercle, peut varier selon la ville observée ; la forme et la disposition globale reste la même. Ces cercles sont reliés entre eux par des lignes palpables. Tous ont une ligne vers l'emplacement de l'ange (No 7).

Les valeurs pour Paris étant ce jour du 21/11/2018 : (voir p. 67)
1. 79% - du potentiel ou de la destinée spirituelle utilisés
2. 45% - degré d'acceptation des circonstances par les habitants : architecture, bruits, espaces, structures politiques, pollution, institutions culturelles, etc.
3. 25% - potentiel utilisé du savoir accumulé des citoyens
4. 51% - sagesse utilisée ou appliquée
5. 60% - qualité relationnelle des citoyens
6. 82% - joie de vivre exprimée
7. 83% - inspiration de l'ange/esprit de la ville utilisée

Les aspects périphériques 1-6 liés à l'énergie centrale de l'ange de Paris par des lignes sont perceptibles et ont chacun un sens. Il n'est pas difficile de sentir le lien qui unit deux ou trois potentiels périphériques. Ainsi 1, 4 et 3 sont en quelque sorte de l'ordre du mental supérieur ; les trois du bas liés à la vie concrète. De là à faire des liens hâtifs avec les chakras humains me semble trop superficiel, même si nous pouvons observer des parallèles.

C m'a fait découvrir un heptagramme qui n'est pas lié à un endroit géographique particulier et qui sert d'**observatoire de la coopération entre humains et mondes invisibles**. Cet heptagramme se situe à un niveau d'abstraction 6 (voir appendice). Les sept stations restent les mêmes. Nous pouvons l'utiliser pour tout endroit ou organisme qui nous intéresse. Le paysage ci-contre n'étant que 'virtuel' et n'a en soi donc pas d'importance à part m'avoir permis de percevoir les cercles et les Kyriotetes qui s'y trouvent. Ainsi, pour la France, nous obtenons les valeurs suivantes de 1 à 7 : 30 / 16 / 38 / 1 / 0 / 22 / 12. Ce qui nous indique qu'en France le niveau de communication entre les deux mondes ainsi que l'utilisation de la sagesse disponible sont proches de 0 ! L'acceptation des circonstances est de 16 %, etc. Pour l'Europe en général nous obtenons fin 2018 : 30 / 42 / 41 / 1 / 9 / 31 / 8. En discutant avec des membres de la communauté il serait probablement possible de savoir comment y remédier.

3.3. Esprits de la Nature

Au sens large le terme 'Esprits de la nature' comprend les êtres élémentaux, les Dévas, les Elfes et les Dagdas. Tous sont des êtres sensibles. Les anges du paysage n'en font pas partie. Je présente ces derniers sous la hiérarchie des anges de la nature (3.4.).

L'essentiel n'est pas leurs noms ni la complexité de l'organisation mais l'esprit de la fleur, l'esprit de l'arbre, l'esprit d'un lieu ou d'un paysage. Les enfants, tout naturellement, perçoivent la beauté d'une fleur ainsi que la magie d'un lieu. Ce sont nos mécréances d'adultes qui les en détournent. Qu'est-ce que je me suis ennuyé dans les cours de biologie, de géographie, etc. à entendre les doctrines qui consistaient à mettre des noms, à compter les pétales des fleurs, à disséquer, sans jamais toucher à l'essentiel.

3.3.1. **Les êtres élémentaux**

Les élémentaux sont des esprits de la nature qui sont attribués aux cinq éléments : *terre, eau, feu, air* et *espace*. Les plus petits parmi eux sont ceux que nous connaissons normalement sous la désignation d'esprits de la nature dans le sens étroit du terme. Ce sont les gnomes (êtres de l'élément *terre*), les ondines (*eau*), les salamandres (*feu*) et les sylphes (*air*). Le médecin Suisse Paracelse (1493-1541) en parlait déjà à son époque tout comme Rudolf Steiner au début du 20ème siècle et bien d'autres. Les élémentaux du 5ème type n'apparaissent qu'à partir de l'échelon supérieur et cela seulement depuis leur création vers 1993. J'y reviendrai dans 5.1.4. ainsi que dans l'interview avec l'un d'entre eux dans l'appendice.

La plupart du temps nous ne pouvons que deviner ce que sont les tâches concrètes de ces élémentaux. J'en ai appris beaucoup en lisant la série des cahiers de Flensburg et leurs excellentes interviews avec les esprits de la nature.

Dans un arbre par exemple d'innombrables processus sont en cours à tout moment et il faut les garder en équilibre, qu'il s'agisse de l'approvisionnement en eau, de l'évaporation,

des microorganismes, des champignons, des mousses, des lichens, des scarabées, des chenilles, des processus de croissance et de mûrissement, des parfums, etc. La croissance d'un arbre demande entre autres une distribution pleine de sagesse des nouvelles branches, tenant compte de la lumière, de la force de gravité, des racines, de l'équilibre, de la résistance aux vents et de la relation avec les autres arbres qui l'entourent.

Je suis forcé d'admirer ces petits groupes d'arbres, dont la forme extérieure est si harmonieuse comme s'ils avaient été taillés par des humains, ne formant en quelque sorte qu'un seul arbre (photo). A eux seuls un noyer ou un tilleul p.ex. nous montrent l'exemple d'une forme parfaitement équilibrée. Cela témoigne d'un sens aigu et très créatif pour la symétrie, car leur forme est harmonieuse tout autour, pendant que leurs branches semblent pousser sans concept dans toutes les directions.

Beaucoup de ces processus sont dirigés par **les quatre éthers** ainsi que leurs êtres respectifs. Les êtres de **l'éther chimique** p.ex. nourrissent les cellules ainsi que les mouvements des liquides. **L'éther de lumière** achemine la lumière, les énergies éthériques et spirituelles vers les différentes parties. Il est aussi l'architecte qui pose les structures de lumière autour desquelles les cellules s'accumulent pour former la matière des feuilles et des branches. Les **éthers de vie** et de chaleur agissent dans l'environnement immédiat d'une plante ou d'un arbre. **L'éther de chaleur** est chargé des processus de mûrissement des fruits et des graines.

Ce printemps j'observais un jeune marronnier poussant juste à côté d'un collègue centenaire (photo page précédente). Ce petit arbre cherche à s'éloigner du champ éthérique du grand marronnier. La raison n'est pas l'ombre que le grand marronnier crée, car le soleil se trouve à l'opposé, à droite de la photo. Nous pouvons apprendre à percevoir les effets des champs d'énergie sur le vivant.

Daniel Perret – Guérir la Terre

Afin de mieux comprendre leurs tâches je départage les élémentaux en **5 catégories** : les plus petits, les petits, les moyens, les grands et les très grands.

Leur taille nous donne entre autres une idée de leur périmètre d'action géographique. Ces périmètres peuvent aller des alentours d'une plante jusqu'à atteindre une région grande comme la Suisse par exemple. Le travail de chaque élémental se concentre sur ce qui touche à son élément, p.ex. l'élément *terre* ou *eau*.

o   Les plus petits : **gnomes, ondines, salamandres et sylphes**
Ils œuvrent sur le plan le plus bas directement dans une plante, une fleur ou un arbre. Ils sont liés localement à 'leur' plante. Dans le système d'une seule plante travaillent de nombreux gnomes, ondines, etc. Dans le cas d'un grand arbre ces très petits élémentaux sont très nombreux. Dans une seule tulipe C me dit qu'il peut y avoir 10 à 12 gnomes, dans un grand arbre jusqu'à 50 gnomes au travail ; un peu moins de 10 ondines pour une tulipe, mais jusqu'à 125 ondines pour un grand arbre.

Les **gnomes** sont proches de l'élément *terre* et s'occupent des racines, du tronc et de son écorce extérieure, dans une certaine mesure de l'assimilation de nutriments du sol par la plante et l'arbre. Ils se soucient également de la santé des sols, et en général de tout ce qui touche à l'extraction de minéraux, de pétrole, de gaz et d'éléments chimiques des sols. La microbiologie des sols est prise en charge par tous les cinq types d'élémentaux : *terre, eau, feu, air, 5ème type*.

Les **ondines** appartiennent à l'élément *eau*. Elles se chargent de tous les processus touchant aux liquides, donc de l'approvisionnement en eau des feuilles jusque tout en-haut d'un arbre. Nous pouvons en partie expliquer la montée des liquides de l'arbre par le vacuum qui se forme lorsque de l'eau s'évapore des feuilles. Cela peut engendrer un effet de succion. Mais les arbres ont besoin d'eau aussi lorsqu'ils n'ont pas encore de feuilles ou en automne lorsque celles-ci sont déjà tombées. Il y a donc d'autres explications à trouver.

Nous avons certes encore des difficultés à nous représenter pourquoi des ondines et d'autres élémentaux sont nécessaires. Il me tient à cœur de ne pas laisser mes explications à un niveau ésotérique théorique et incompréhensible. Je vais donc essayer d'expliquer en détail le travail des ondines. Un ami, qui pendant plus de 25 ans a travaillé une exploitation de plantes aromatiques et de tisanes (voir chapitre 6.3.) me décrivait l'activité des ondines comme des mouvements verticaux de vagues d'énergies au niveau éthérique. Sans ces mouvements d'énergie rien ne serait possible, même pas dans notre corps à nous. Mais comment comprendre concrètement le passage de mouvements d'énergie éthérique vers le transport physique de liquides ? C me confirme que l'explication par le vacuum est une partie de l'explication. L'effet capillaire joue ici un rôle important mais également l'éther de lumière. Les ondines travaillent avec tous ces aspects.

On nomme l'effet capillaire la qualité des liquides de se répandre d'une manière particulière dans d'étroites fissures ou de petits tubes très minces. Par rapport à la masse d'un liquide sa surface touchant un capillaire, donc un très petit tube d'un diamètre de moins d'un millimètre, est particulièrement grande. Lorsque la force d'adhésion (l'agrippement aux parois) devient plus importante que la cohésion entre ses molécules d'eau, le liquide monte dans un capillaire. Ceci est le cas p.ex. de l'eau. Cette explication purement physique nous aide à imaginer le pont entre les processus éthériques énergétiques et physiques. Les ondines apportent leur contribution à la construction de ces capillaires ainsi que des cellules des feuilles. En plus de l'effet capillaire les ondines génèrent, dirigent et équilibrent les flux. Les êtres invisibles utilisent bien évidemment les lois de la physique.

Lors de la création d'une feuille viennent en ligne de compte des **lignes de force éthériques** (voir le photomontage p. 81). C m'explique que ces lignes de force très fines sont à l'origine un phénomène de la couche supérieure de l'éther de chaleur. Elles y sont manifestées par les esprits de forme, les architectes des formes responsables de la conception des formes (voir chapitre 7.2. ; voir aussi p. 38f, chapitre 1 sur les champs énergétiques des êtres humains). Les lignes de force sont les plans détaillés qui se manifestent par la suite dans l'éther de lumière. Le processus de manifestation se déploie alors au niveau de l'éther chimique (faisant partie de l'élément *eau*). Lors de la dernière phase l'éther chimique achemine les matériaux de construction nécessaires au processus de la formation de la feuille à l'aide des mouvements liquides.

Les lignes de force sont des lignes d'énergie qui plus tard deviennent les veines des feuilles (voir les lignes dessinées autour des jeunes pousses sur la photo p. 81 avec la feuille finie). Les trois autres élémentaux travaillent d'une manière comparable.

Les **Salamandres** font partie de l'élément *feu* et s'occupent des processus de maturation allant jusqu'aux fruits et leurs graines. Ils opèrent dans l'éther de chaleur et cela dans ses trois couches intérieures. Leurs tâches consistent en l'approvisionnement en chaleur, sa distribution ainsi que les processus de transformation. La couche intérieure de cet éther de chaleur est chargée de la transmission d'information vers les trois autres types d'éther : éther de lumière, de vie et éther chimique.

Nous arrivons aux **Sylphes**, les élémentaux de l'*air*. Elles se chargent p.ex. des parfums d'une plante ainsi que des mouvements d'air et contribuent à équilibrer la chaleur dans l'entourage immédiat de la plante. Leur nom vient du latin *sylphus*, qui veut dire 'génie' ou 'esprit'. Les sylphes étaient déjà connus dans les mythologies celtes, gauloises et germaniques Selon la page 'Anthrowiki' : « ils conduisent les abeilles vers les fleurs…. Les sylphes ont un sens aigu pour les plus fins mouvements de l'espace aérien…. Ils acheminent l'éther de lumière vers les plantes. »

o **Les 'petits' élémentaux**

A ce deuxième niveau nous trouvons pour la première fois les élémentaux du 5ème type. Leur mission consiste à faciliter la coopération entre humains et esprits de la nature. Sur la photo aérienne j'ai dessiné le rayon d'un de ces **petits élémentaux de l'air** comprenant un rayon de 1000 m autour du château de Lenzburg en Suisse alémanique. A ce niveau les 'petits' élémentaux sont en général encore assez confinés à un lieu particulier. Les tâches d'un type d'élémental ne varient pas fondamentalement d'un niveau à l'autre. Les êtres du niveau

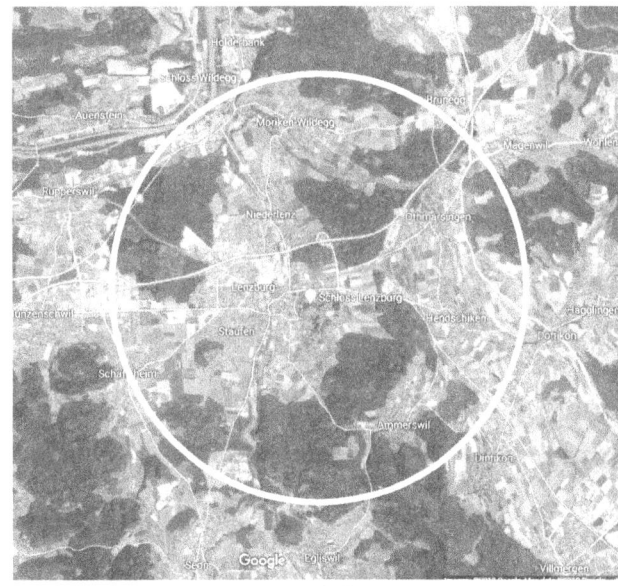

Zone d'action de l'élémental de l'air du château de Lenzburg en Suisse alémanique

supérieur ont surtout davantage d'expérience et de responsabilités que ceux d'en-dessous. Ils ont également un rayon d'action géographique plus grand et ont accès à des coachs ou conseillers d'un niveau plus élevé.

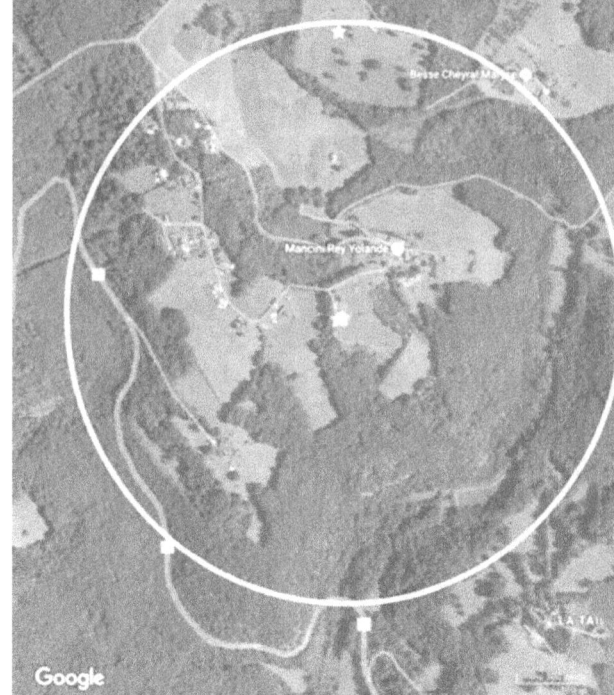

Sur la photo noir et blanc ci-dessus nous pouvons voir le rayon d'action d'un 'petit' **élémental du feu**, allant jusqu'à 600 m. Dans la petite vallée au bord inférieur droit du cercle cet élémental a une princesse Déva qui l'assiste comme coach. Aux niveaux suivants nous retrouvons également tous les cinq types d'élémentaux des éléments : *terre, eau, feu, air,* et 5ème type.

Si les tâches d'un type d'élémental restent dans le même registre pour toutes leurs tailles, leurs territoires sont forcément de tailles différentes (voir la carte de la France en couleur, avec les trois plus grandes tailles d'élémentaux du *feu*).

- **Les élémentaux moyens**
- **Les grands**

Il n'y a encore pas si longtemps qu'on personnifiait ces élémentaux comme étant des dieux ou le 'grand esprit du vent du nord' par exemple. Les gens sentaient bien qu'il y avait un être puissant derrière ces phénomènes. Il faut s'imaginer qu'un seul élémental du *feu* par exemple s'occupe d'un territoire si étendu (voir carte ci-dessous). Il y aurait 24 grands élémentaux du *feu* en France.

- **Les très grands**

Les élémentaux de France et leurs cercles d'action
Blanc = les très grands
Rouge = les grands
Jaune = les moyens

Sous 5.1.8. page 203 vous trouverez la demande d'un très grand **élémental du *feu*** (EF) de France. Celui-ci figure dans son cercle d'action au milieu de la carte page précédente. Son emplacement d'ancrage se trouve dans la ville d'Orléans.

Il existe 10 très grands **élémentaux de la *terre*** (ET) en France plus un onzième pour la Corse (carte ci-contre). Ils ont des régions et lieux d'ancrage fixes : Pyrénées, Massif Central, Bretagne, Bassin Parisien, Sud-ouest, Normandie, Ardennes, etc. Ils se soucient par exemple de la santé et de l'érosion des sols, des tremblements de terre ainsi que de la pollution de la terre.

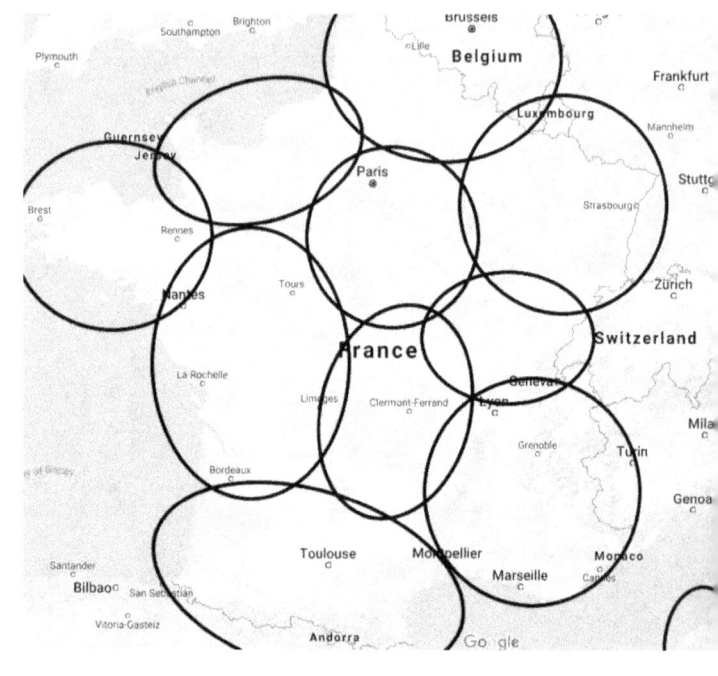

Le 29.11.17 j'ai eu un contact avec un très grands élémental de la *terre*, basé à Reggio di Calabria. Son territoire couvre toute l'Italie du sud, touchant également une partie de la Grèce et de la Lybie. Il suit les mouvements tectoniques des plaques africaines et européennes avec leurs tensions et dangers respectifs. On me demanda de former un triangle entre le chakra racine (voir 4.1.2, page 162) et les points

d'ancrage éthériques qui se situent à environ 50 cm sous les pieds, voir le dessin page 40.

Il y a 8 très grands **élémentaux de l'eau** (EE) en France continentale. Sur la carte ci-contre il y a également deux grands élémentaux de l'*eau*, donc la taille en-dessous. Les très grands EE s'occupent chacun de tout un système fluvial avec tous ses affluents, rivières, ruisseaux et lacs : Seine, Rhône, Loire, Garonne, Lot, Dordogne, Somme ainsi que la Bretagne. Les étoiles sur la carte désignent leurs lieux d'ancrage respectifs.

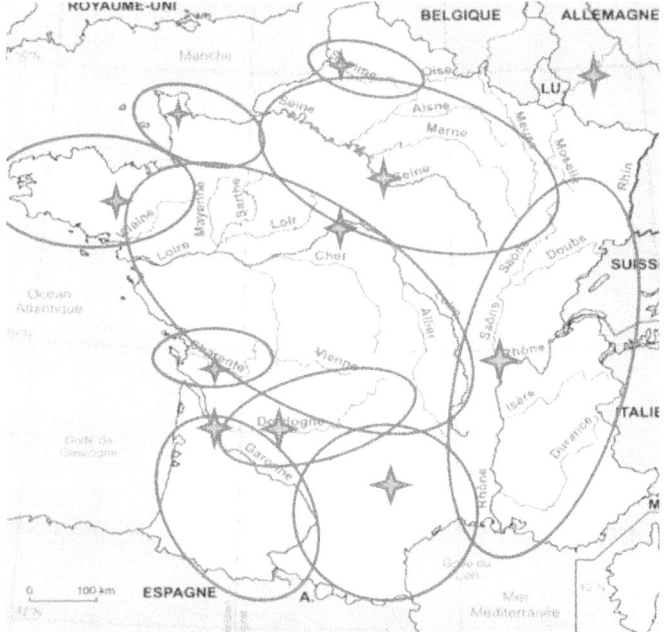

Le 13.12.17 j'ai eu un contact avec le très grand EE du fleuve Lot. Les très grandes précipitations inhabituelles des derniers mois avaient apporté des quantités de terre rarement observées auparavant à transporter par le Lot. Cet élémental avait besoin de conseils 'd'en-haut'. On m'a demandé de méditer et de construire un triangle incluant le chakra du hara (lié lui par nature à l'élément *eau*) et les deux lignes d'inspirations. Celles-ci sont des lignes d'énergie qui acheminent des inspirations venant 'd'en-haut'. Elles

convergent vers notre chakra du cœur. ⁵ (illustration en bas)

En ce qui concerne les très grands **élémentaux de l'air** (EA), il en existe apparemment 5 en France, 1 en Suisse, 6 en Allemagne et 3 en Autriche. Ils sont mobiles et n'ont pas de lieux d'ancrage fixes. Sur une carte nous ne pourrions que dessiner leur rayon d'action à un moment particulier. Ils s'occupent des grands mouvements de l'air et de notre temps météorologique, mais aussi des parfums des plantes et de l'attraction de pollinisateurs comme les abeilles ou

bourdons. Ces très grands EA sont influencés par l'atmosphère de toute une région ; des ambiances dépressives générales contribuent à des dépressions météorologiques et leurs systèmes de basses pressions.

Quand aux très grands **élémentaux du 5ᵉᵐᵉ type**, il y en a trois en France, un en Suisse, deux en Autriche et trois en Espagne. Ils sont également très mobiles. Il n'est donc pas possible de leur trouver des rayons d'action fixes sur une carte. Lorsque je voulais trouver leurs positions et régions respectives en France,

l'un d'entre eux me montra bien sa position actuelle. Le deuxième bougea continuellement pendant mon observation, allant du centre de la France vers l'Atlantique.

Sur la photo du domaine d'Eyssal nous pouvons voir six silhouettes de 'petits' élémentaux du 5ème type. Tout au fond (en gris) nous apercevons la Déva de parcelle de cette clairière. Au-dessus des très grands élémentaux du 5ème type il y a l'élémental de la planète terre.

Les différents très petits esprits - gnomes, anges du paysage, anges des montagnes - qui interviennent essentiellement dans l'élément **terre** - le font au niveau de l'éther de vie. Je nomme cet éther parfois aussi l'éther de 'vie de tous les jours' afin de souligner, combien les traces de nos activités quotidiennes sont emmagasinées dans cette couche éthérique. Avec nos activités nous décidons en quelque sorte quelle quantité d'énergie angélique arrive dans notre vie pratique.

Les élémentaux de l'élément **feu** interviennent au niveau des éthers de lumière et de vie. Les esprits des éléments **air** et **eau** interviennent eux, comme nous humains, au niveau mental (inclant le mental supérieur !). Nos attitudes et croyances déterminent la base de notre énergie mentale. Celle-ci reflète notre choix d'inclure l'énergie de lumière et d'amour dans nos cœurs, nos pensées et actions.

Les élémentaux du **5ème type** opèrent essentiellement au niveau du mental supérieur (voir appendice 5). Ils ont également accès aux différents niveaux éthériques ou éthers.

Dans les hiérarchies des esprits chacun sait ce qu'il a à faire et où il peut aller chercher des conseils. Ils ont généralement en commun de ne pas avoir une volonté propre. Mais lorsque des élémentaux p.ex. sont maltraités, pas respectés et déplacés sans que l'humain les consulte, ils peuvent se rebeller et ainsi attirer l'attention sur eux afin que nous nous rendions compte d'une injustice, d'une rupture de l'harmonie qui demande réparation.

3.3.2. **Les Dévas**

Les Dévas sont un peuple créé par la Vierge Noire, la Déesse de la Terre. Ce sont des esprits qui ont entre autres la tâche de faire le lien entre les petits élémentaux et les anges du paysage. Elles ne sont ni anges ni élémentaux. Je ressens une aura de noblesse et dignité qui les entoure. En effet on me montre des princesses Déva, des reines Déva et tout en-haut de leur hiérarchie une impératrice Déva.

Tous les esprits reçoivent leur endroit d'ancrage sur la terre par la Déesse de la Terre, la Vierge Noire. Même s'ils peuvent probablement se déplacer où ils veulent, leur point d'ancrage reste à la même place. Cet ancrage forme un pont vers la dimension physique.

La Déva de notre parcelle de forêt se trouve au pied du plus grand arbre. La Déva de notre petite vallée a sa place près d'une des deux premières sources de cette vallée.

Nous avons une petite mare dans notre forêt. Son ondine a sa place du côté gauche du plan d'eau, non loin de son milieu. Au centre du groupe de fleurs de lys il y a la Déva de ce groupe de lys. L'eau de la mare se tient toute seule en équilibre avec ses plantes aquatiques, ses tritons et autres petites bestioles. Nous laissons l'eau de pluie la remplir et sortons de temps à autre le surplus de végétation. Si nous comparons la mare avec une piscine qui doit continuellement être traitée avec des produits chimiques pour éviter que l'eau ne tourne et ne devienne verte, nous pouvons deviner combien de savoir et de travail les différents êtres élémentaux fournissent pour maintenir cet équilibre savant et délicat.

	Les êtres élémentaux				
élément	terre	eau	feu	air	espace
Les plus petits	**Gnomes** Racines, écorce Terre, tunnels, Fertilité et érosion des sols ; Mines, forages, Exploitation minière	**Ondines** Sucs, feuilles, tiges, robinets, conduites d'eau, rivières, marécages	**Salamandres** Processus de murissement, Fruits, graines, Flammes, Chauffages Conduites électriques, Ordinateurs, Tablettes, Téléphones portables, etc.	**Sylphes** Parfums, buées, brouillards, nuages	**Elémentaux du 5ème type** Apparaissant qu'à partir du prochain niveau
Tâches des petits jusqu'aux très grands élémentaux	Glissements de terrain Déforestation Mouvements des plaques tectoniques Tremblements de terre	Température des océans Pollution Inondations, Les grands courants des océans	Production, distribution, consommation d'électricité, Feu, moteurs à explosions ; Armes à feu Energie atomique Pollution lumineuse la nuit	Disparitions des oiseaux, Abeilles insectes Changements climatiques Pollution de l'air	Coopération entre les humains et les esprits de la nature Problèmes causés par l'agriculture intensive p.ex.
Grilles et grands élémentaux	Ils s'occupent des réseaux métalliques	Ils s'occupent des cours d'eaux	Ils s'occupent du fonctionnement des 12 grilles	Ils s'occupent des grilles non-carrés	

Daniel Perret – Guérir la Terre

Chaque unité dans la nature semble avoir sa Déva ou son ange, selon l'importance de la tâche. La petite vallée en bas de chez nous a sa Déva tandis que la vallée de la Vézère, toute proche et bien plus grande, a son ange. Les esprits de la nature ainsi que les Dévas font essentiellement partie du monde éthérique et les anges appartiennent au niveau spirituel. Il s'agit de deux bandes de fréquences différentes.

Ceci dit **la hiérarchie des Dévas** connait **un dégradé** intéressant. L'impératrice Déva opère avec 100% d'énergie spirituelle, les reines avec 85%, les princesses avec 60%, les Dévas de parcelles avec 25% et les Dévas de plantes avec env. 15%. Le reste étant de l'énergie essentiellement éthérique. C'est-à-dire qu'elles transforment progressivement l'énergie spirituelle en énergie de l'éther de lumière, prête à être utilisée par une plante ou un arbre.

Chaque clairière, chaque verger, chaque haie, chaque groupe de fleurs, chaque champ, chaque parcelle de forêt a sa Déva ainsi qu'au-dessus d'eux un ange du paysage. Voici quelques types de Dévas avec leurs fonctions respectives :

o   **Les Triades**
J'ai découvert ces triades par hasard en visitant l'église d'Imperia en Ligurie. Dans la ville voisine de Dolcedo il y avait sur le sol de l'église quatre dessins similaires au-dessus desquels il y avait les quatre esprits de la nature. Puis, à Imperia, je découvre deux accumulations d'énergie juste devant les deux

piliers centraux en marbre brun de la petite balustrade blanche (photo). On me dit que ce sont deux Dévas. C'était la toute première fois que je rencontrais des Dévas dans un édifice. C'est seulement plus tard que je m'aperçus qu'il y en avait une troisième derrière le chandelier noir que l'on voit dans l'ouverture de la balustrade. Réalisant que cette chapelle est dédiée à la Vierge Marie et me rappelant les trois Dévas que j'avais découvert à Montserrat autour de la Vierge Noire, j'ai découvert que toute vierge – noire ou non – avait une triade de Dévas devant ou autour d'elle.

Alors j'en ai trouvé partout : devant cette petite vierge dans un hameau près de chez nous. Je trouve passionnant de trouver ces triades aussi autour de toutes les statuettes de la déesse de la terre des anciens temps. Puis j'ai trouvé des triades analogues autour des icônes ou des statues du Christ. Là, ce sont les trois aspects de la Trinité et non des Dévas. Les Dévas font partie de la déesse de la Terre, étant créées par elle. En cherchant j'ai également trouvé des triades analogues autour des icônes ou statues du Bouddha, là représentant trois qualités bouddhistes : compassion, impermanence et pleine conscience.

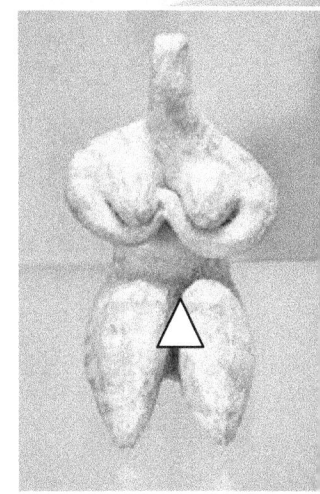

A droite la Déesse de Samara 5000 ans avant J.C. ne montrant pas tout l'espace autour de la statuette, je n'ai placé que la Déva centrale.

○ **Dévas des plantes et des arbres**

Les Dévas sont en quelque sorte les maîtres d'œuvre qui s'occupent de la forme et de la croissance de la plante. Elles ont une multitude de très petits élémentaux qui travaillent sous elles. La Déva de cet arbre s'est logée, comme souvent, dans son beau milieu (flèche). Elles ont un savoir et une maîtrise remarquable. Ce tilleul possède une bordure de couronne parfaite comme taillée par un jardinier. Difficile de s'obstiner à

penser que tout ce chef d'œuvre sortirait d'une graine sans l'aide d'un artiste et maître d'œuvre qualifié.

L'autre jour une dame m'a demandé de lui montrer où il y avait des esprits de la nature dans son jardin. Elle me montra un jeune Ginkgo qu'elle pensait avoir planté au mauvais endroit. La Déva du Ginkgo me le confirma et, sur ma demande, me guida à l'aide de mon lobe antenne vers l'endroit où elle aimerait que son arbre soit replanté. Bien des jardiniers le font intuitivement juste, sachant que ce que nous nommons 'intuition' est souvent une communication avec des êtres invisibles.

- **Dévas de groupes de plantes**

J'observe dans chaque groupe de plantes d'un même type une Déva. Elle est percevable en tant que petite colonne d'énergie. Ces Dévas s'occupent du rapport harmonieux entre les plantes et aident les très petits élémentaux à mener à bien leurs travaux. Sur la photo de droite une Déva d'une haie et en bas une Déva d'un petit groupe de fleurs en bordure d'un chemin ombragé.

Au beau milieu de la plantation d'Eyssal (p 222) a été disposé un cristal. Etant donné que j'ai eu de nombreux contacts avec des Dévas à l'aide de mon cristal (p. 229) j'ai automatiquement détecté une ligne d'énergie arrivant vers le cristal de cette plantation. Il s'agissait d'une Déva d'un groupe de plantes aromatiques qui cherchait notre attention. Son rayon d'énergie nous indiqua la direction ainsi que, sur notre demande, la distance. Ensemble avec Patrice Drai nous sommes alors allés voir et Patrice comprit tout de suite la situation de la Déva. Il savait qu'il y avait un problème avec cette plantation. Ce système de point central de renseignement pour une plantation ou un grand jardin peut donc s'avérer être très utile.

o **Dévas des parcelles**

La Déva de ce pré humide dans une clairière se trouve au bout de la flèche.

Chaque parcelle de forêt, de pré ou de jardin semble avoir sa Déva attitrée. Ces Dévas forment le lien entre l'ange du paysage, avec son rayon d'action d'environ 1 km, et les Dévas des plantes, de groupes de plantes et d'arbres. Sur un champ de tournesols j'ai aperçu deux Dévas : une Déva de la parcelle et une autre pour les tournesols. Chacune a ses tâches spécifiques. Nombreuses Dévas de parcelles se sont manifestées lors du travail de guérison à distance autour du cristal et m'ont raconté leurs soucis et misères. Vous verrez quelques exemples de tâches et de soins à distance sous 5.1.7.

- **Les princesses Déva**

J'ai trouvé deux princesses Déva près de chez nous. Elles ont quelque chose de noble, de fin, de l'ordre d'une beauté tranquille et possèdent également un très bon goût pour trouver leur place. Elles me disent que dans chaque périmètre d'un ange du paysage il y a une princesse Déva. Elles sont les interlocuteurs des Dévas de parcelles. De leur hiérarchie de Dévas leur viennent des impulsions d'ordre plutôt pratique, p.ex. au sujet de questions de croissance des plantes et elles organisent la suite chronologique des tapis de fleurs dans un champ. En effet on peut observer que les champs sont recouverts à tour de rôle souvent d'une seule sorte de fleurs. Une semaine ce sont toutes des fleurs jaunes, trois semaines plus tard toutes de fleurs de trèfle par exemple, puis c'est au tour des fleurs blanches, etc. Les anges du paysage, eux, sont responsables de la transmission des impulsions de la dimension divine. Ils s'occupent par exemple de la cohabitation harmonieuse des différentes espèces : flore, faune, insectes, oiseaux, ou encore de l'approvisionnement en énergies éthériques, astrales, spirituelles.

- **Les reines des Dévas**

En France il y aurait 3 reines Dévas, 4 en Allemagne, une en Belgique et une en Suisse. Cette dernière a son siège au milieu des Alpes directement au col du Saint Gothard. Le Sud-ouest de la France a sa propre reine Déva qui elle a son siège dans les Pyrénées. La hiérarchie des Dévas a la responsabilité d'acheminer l'énergie de lumière et d'amour vers le monde des plantes. Elles travaillent surtout avec l'éther de lumière. (voir début 3.3.2.) Me revient à l'esprit la conversation avec Patrice Drai d'Eyssal. Il décrit son travail d'information des graines comme consistant en deux phases : la graine à la main il imagine mentalement la plante adulte qui est sensée en sortir, avec toutes ses tiges, feuilles, racines, fleurs etc. Lors de la deuxième phase il demande à la Déva de la plante d'apporter l'énergie de lumière et d'amour dans cette graine. Il ressent alors cette phase comme étant lumineuse et lui procurant une sensation émouvante (voir 6.2.).

- **L'impératrice Déva**

Il n'existe qu'une seule impératrice des Dévas du monde. Elle a son point d'ancrage dans le groupe d'îles de Franz Josef Land au nord de la Russie.

Nous avons donc une hiérarchie des Dévas qui commence par les Dévas d'une plante ou d'un arbre > les Dévas de groupes de plantes > Dévas de parcelles > les princesses Dévas > reines Dévas > et l'impératrice des Dévas. Puis nous avons des Dévas avec des fonctions particulières comme les Triades ou un système de Dévas comme celui qui suit :

- **Un système de Dévas autour d'un lac Suisse**

Ce lac a la particularité d'être au croisement de routes à travers les Alpes et est depuis des siècles de ce fait un lieu de rencontre des pensées et des mentalités (philosophiques et religieuses) du nord (alémanique) et du sud (Italie), de l'est (Autriche) et de l'ouest (Bourgogne et France). D'où cette présence particulière des Dévas qui veillent sur la pureté, l'équilibre des énergies et l'harmonie de ce lieu. Les neuf Dévas du système ont presque toutes leur siège au bord du lac et sont liées les unes aux autres par des lignes d'énergie. Elles contribuent également à la régulation des flux d'eau et d'air qui se rejoignent sur le lac venant des diverses vallées. Elles agissent essentiellement au niveau des éthers chimique et de lumière et fonctionnent quasiment indépendamment des élémentaux du lac (sylphes, ondines, gnomes, salamandres). Ces derniers sont soumis à l'ange du lac et celui-ci à son tour au très grand élémental du système fluvial auquel appartient ce lac.

3.3.3. Les Dagdas

Dagda est un nom celte/irlandais d'un être de lumière particulier qui est un parent des Dakinis d'Inde et du Tibet. Les Dagdas descendent d'un dieu des Tuatha de Danann d'Irlande du même nom. Ces Tuatha de Danann, même si de nos jours surtout connus en Irlande, faisaient partie de la mythologie Celte sur le continent jusqu'à la défaite d'Alésia et la destruction du culte Celte qui s'en suivit. Les Dagdas forment depuis un peuple. Ils sont masculins tandis que les Dakinis, elles, sont féminines. Ils ont été créés par la Vierge Noire vers 2004 et dépendent des Chérubins (sphère 19). Les Dagdas évitent des régions fortement peuplées. En France il y en aurait aujourd'hui quatre douzaines. A peu près la moitié d'entre eux se trouvent en Bretagne, quelques-uns dans les Pyrénées et dans le Massif central, deux en Dordogne, un dans les Alpes et un dans le Jura. J'ai rencontré un Dagda pour la première fois au début de mon travail de soins à distance avec le cristal (6.7.). 'Mon' Dagda m'a tout de suite dit qu'il allait m'introduire à un travail de soins à distance particulier en lien avec ce cristal de roche.

C'est de lui que je tiens ces chiffres et informations. Les Dagdas comme les Dakinis sont des esprits très indépendants, puissants et pleins de sagesse. Ils ont un grand savoir et possèdent une volonté, ce qui n'est pas le cas pour les anges. Leur savoir comprend toutes les expériences accumulées du passé de la terre. Leur sagesse est ainsi en quelque sorte orientée vers le passé.

Lors des trois phases du travail avec le cristal le Dagda a surtout été actif dans la première, dans les soins à distance des Dévas et anges du paysage. Dans la deuxième phase, les soins concernant les très grand élémentaux, c'étaient des êtres de Pégase (voir page 154) qui ont pris un rôle d'intermédiaire. Je rappelle qu'il y a un être de Pégase qui fait partie de C. Lors de la troisième phase, où nous avons entrepris un travail de guérison avec les anges de nations, c'étaient les Dominations qui ont pris ce rôle de médiateur. Le Dagda est resté cependant tout le temps près de 'son' cristal. Je le perçois comme une petite colonne d'énergie de moins de 40 cm de haut. Il me confirme sa taille. Quelques-uns de mes étudiants ont commencé chez eux un travail avec un Dagda, toujours en lien avec un cristal de roche. Ces cristaux semblent être propices à ce genre de coopération. Le Dagda nous sert comme coach ou médiateur. Il a de grandes connaissances sur le fonctionnement de cristaux de quartz.

Dans des phases ultérieures du travail de guérison de la terre les Dagdas n'apparaissaient que sporadiquement. Une fois il y en avait un qui venait du Nord-ouest de la France. Il ne m'expliqua pas grand-chose mais m'indiqua de prendre contact avec le point de la Vierge Noire et de dire une prière pour lui (voir appendice). Une autre fois j'ai eu un Dagda de l'Ouest de la France. Il voulait que je l'aide en contactant le point d'incarnation. J'ajoute toujours une prière, car c'est 'ta volonté soit faite' et non la mienne. Le fait que la ligne vers le cristal disparaisse m'indique que ma contribution était utile et suffisante. Pour les points voir page 163 et appendice)

3.4. La hiérarchie des anges dans la nature
Nous avons vu comment, dans la hiérarchie des élémentaux, il y avait les esprits de la nature p.ex. d'une plante, d'un arbre ou d'un buisson, puis les Dévas de groupes de plantes. Quand les élémentaux d'un groupe de buissons rencontrent des problèmes, ils peuvent s'adresser à leur Déva de groupe. Elle se charge aussi de leur faire parvenir les inspirations et suggestions divines, qu'elle reçoit à son tour de son ange du paysage. Celui-ci fait partie de la hiérarchie des anges. Cette hiérarchie continue alors vers l'ange régional, puis l'ange de

la nation, l'ange du continent pour arriver enfin à l'ange du monde. Tous ont leur point d'ancrage précis pour leur colonne d'énergie acheminant les impulsions divines.

3.4.1. **Anges du paysage**

Les anges du paysage ont un rayon d'action d'environ 1 km. De ce fait il y a de nombreux anges du paysage dans tout voisinage, même dans les villes. Voici une carte avec ces anges dans notre région. Les petites étoiles sont la plupart du

temps des Dévas de parcelles que j'ai rencontrées lors de mon travail avec le cristal. Ces anges et Dévas sont tous deux perceptibles, entre autres, comme des colonnes d'énergie. La colonne d'un ange du paysage est nettement plus importante que celle d'une Déva. Sous 5.1.7. vous trouverez quelques-uns des récits d'anges du paysage. C'est la Vierge Noire, Déesse de la Terre, qui leur attribue leur endroit d'ancrage. Celui-ci est évidemment choisi en fonction des emplacements des autres anges du paysage.

3.4.2. **Anges régionaux**

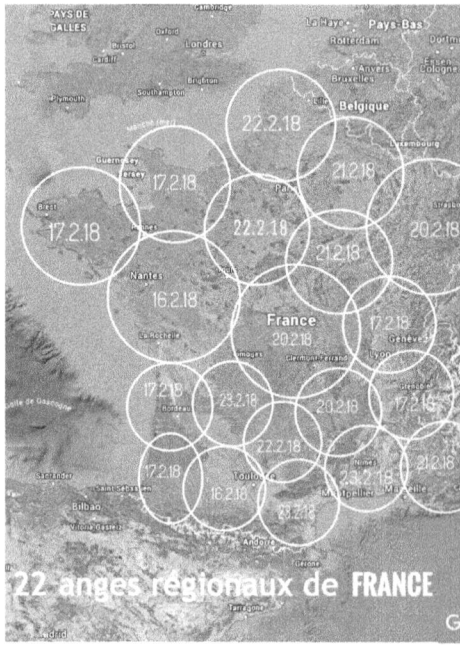

Les anges régionaux ont sous leur responsabilité un paysage avec un rayon d'environ 50 km. Ils sont les conseillers/coachs mais aussi les subordonnés des anges du paysage. Durant quelques mois j'ai eu un grand nombre de ces anges cherchant à prendre contact avec moi. Lors de ces demandes d'aide nous avons couvert à peu près toute l'Europe. Je pense que, même si ces contacts étaient brefs, ils ont servi à établir un contact permanent dans le cadre du champ de soins à distance (voir 6.7.3.). Car le contact avec ces anges avait été très systématique, couvrant d'abord la France, puis l'Espagne, l'Allemagne, sans oublier aucune région (voir 5.1.9.). Ces anges se manifestent dans le paysage également comme des grandes colonnes d'énergie avec leur nuage d'énergie horizontale à environ 100 m au-dessus du sol. Juste pour donner un ordre de grandeur : ces anges des régions ont un point d'ancrage fixe et surveillent un territoire d'environ 8000 km². Un ange régional s'occupe ainsi d'environs 2500 anges du paysage et ces derniers d'environ 2000 Dévas de parcelles. Ceci afin d'avoir un ordre de grandeur.

3.4.3. Anges des nations

Je me suis mis alors à chercher les anges de nations. Je les ai trouvés assez facilement car ils aiment se placer près du milieu géographique de leur pays. Eux aussi choisissent toujours leur point d'ancrage d'une manière remarquable, souvent près de l'eau, que ce soit entre deux bras de rivières, dans un lac ou dans une grande boucle d'un fleuve. Il semblerait que ce soient les 72 anges, connus de la tradition juive, qui s'occupent ainsi des nations. Mais comme il n'y a pas loin de 200 nations un seul ange se chargera de deux ou trois nations. Ainsi la Somalie a le même ange que l'Islande et la France le même que la Slovaquie. Ce qui est fascinant c'est de découvrir quelles sont les tâches de ces anges de nation et qu'est-ce qui fait que leur énergie est bien ou mal utilisée par la nation (voir aussi 5.1.10, ainsi que les cartes qui suivent).

Les tâches d'un esprit ou ange d'une nation sont multiples. Ils s'occupent entre autres :
- des anges régionaux et en général de tous les êtres de lumière qui travaillent sur leur territoire national
- des grands fleuves et rivières et leurs très grands élémentaux
- des mers qui touchent le pays
- en général : de l'air, des montagnes, des eaux, de l'élément terre
- du dialogue avec les élémentaux majeurs dans le but de restaurer l'équilibre, incluant climat et pollution
- des symboles nationaux (drapeau, hymne, monuments, etc.)
- des langues nationales
- de l'évolution de la gouvernance

- de l'évolution de la vie politique (démocratie, etc.)
- des religions et de l'évolution spirituelle (la diffusion des valeurs spirituelles)
- du respect des minorités
- de l'empathie, l'égalité, le respect, la justice, la paix
- des valeurs humaines fondamentales comme le libre arbitre, la créativité individuelle authentique,
- de la contribution à l'équilibre et au progrès mondial (et plus particulièrement concernant le continent auquel le pays appartient)
- d'aider le pays à surmonter des crises de son évolution : chômage, dépression, peurs, cécité spirituelle, découragement, manque de vision, etc.
- des reines Dévas du territoire.

Ange de la Belgique

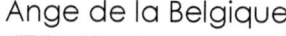

107

Ange de la Suisse

Ange de la France

Daniel Perret – Guérir la Terre

Ange de
L'Europe

3.4.4. Anges des continents

Au-dessus des anges des nations nous trouvons des anges supra-nationaux, donc souvent des anges d'un continent entier

ou de groupements de nations comme c'est le cas en Europe, au Moyen Orient ou en Afrique.

L'ange de l'Europe se trouve de nouveau au milieu géographique du territoire, près de la frontière République Tchèque/-Allemagne (flèche).

J'ai décrit (sous 3.2.6.) les fluctuations de l'utilisation de l'énergie de l'ange de l'Europe suite aux crises de 2015 et 2016. Il est fort intéressant de suivre les évènements d'un continent et comment les citoyens y réagissent.

Apparemment les crises en Europe p.ex. ont déclenché des discussions à tous les niveaux : au parlement Européen, dans les parlements nationaux, au niveau des gouvernements, mais également au niveau de groupes de citoyens, notamment en ce qui concerne les valeurs de l'Europe : est-il p.ex. souhaitable que la Grèce, l'Espagne, l'Irlande, l'Angleterre, puis plus récemment la Pologne, la Hongrie continuent à faire partie de l'Union Européenne ?
Quels sont en fait les valeurs communes des pays de l'UE ?

Lesquelles faut-il renforcer, clarifier, discuter : Au sujet des réfugiés et migrants, est-ce la peur ou la générosité qui est de mise ? La vague de gouvernements de droite, voire d'extrême droite, nous interpelle. Allons-nous répéter l'aventure fasciste ?

Bien des descriptions tournent autour de ce mouvement vertical d'énergie, cet acheminement vers notre terre d'énergie de haute fréquence, chargée d'amour-lumière-vérité ; qu'il s'agisse des colonnes d'énergie ou la chaine de transmission des Dévas qui commence avec 100 % d'énergie spirituelle au niveau de l'impératrice Déva, pour se transformer de plus en plus en énergie éthérique, donc plus lente, plus dense. Vu de cet angle c'est à croire que la mission principale du monde invisible est dédiée à cet acheminement d'énergie divine.

La surface qui est prise en charge par un ange de communauté lie entre eux d'une certaine manière tous les êtres qui y vivent. Ceci ce montre dans la couche planétaire que tout être sensible semble avoir autour de lui. Cette couche a une sous-couche qui plus spécifiquement est liée au continent. (voir le graphisme p. 40)

C'est intéressant lorsque nous regardons les anges de l'Afrique du Nord. Un premier ange s'occupe des territoires Libyen, Somalien, d'Egypte, et des deux Soudan. Un autre a sous sa tutelle la Tunisie, l'Algérie, le Maroc, le Mali du Nord, la Maurétanie ainsi que le Sahara de l'Ouest. Ces derniers semblent ne pas sombrer dans le même chaos que le groupe précédent, sauf le Mali ces dernières années. La Turquie, le Liban, Israël, la Jordanie, la péninsule arabique, la Palestine semblent former un troisième groupe. La Syrie, l'Irak, l'Iran, l'Afghanistan et le Pakistan encore un autre.

3.4.5. **L'Ange du monde**

L'ange du monde a choisi comme emplacement un endroit on ne peut plus tranquille dans l'est de la Sibérie. J'admire son choix. Cet ange est tout en haut de la hiérarchie des anges de la nature. Il semble recevoir ses impulsions directement de la sphère 19, des Chérubins. L'ange de la terre a pris ses fonctions tout au début de la vie de la terre.

Nous observons que tous ces anges reçoivent leurs impulsions 'd'en haut'. Mais qui donc reçoit des impulsions venant 'd'en bas' de la Vierge Noire ou Déesse de la terre ? C me répond : ces impulsions viennent par l'intermédiaire de l'impératrice des Dévas, puis des très grands élémentaux ainsi que des Dagdas. Car tous ces êtres n'ont personne au-dessus d'eux que la Vierge Noire et sont des créations de celle-ci.

3.5. Les structures sous-jacentes d'énergie

Dans ce paragraphe j'aimerais surtout explorer les structures énergétiques dans nos paysages. Le sujet étant vaste, je vais me concentrer sur les structures sur lesquelles très peu a été écrit jusqu'à présent. D'autres ont présenté p.ex. les 'réseaux métalliques' qui semblent opérer surtout sous la surface de la terre, ainsi que les grilles astrales. Etant donné qu'elles ne sont pas au centre de mes recherches, je n'en sais pas assez sur celles-ci et ne vais donc pas m'étendre là dessus. Je m'apprête à décrire surtout des structures horizontales, même si celles-ci ont souvent une colonne verticale dans leur milieu.

Tout phénomène énergétique nous interpelle et nous pousse à chercher qui ou ce qui se trouve derrière. Pourquoi p.ex. y aurait-il un cercle ou une ligne perceptible dans un pré ?

La coopération avec C porte essentiellement sur de nouvelles structures et de nouveaux aspects qui semblent prendre de l'importance pour notre époque. Ainsi il semble nécessaire d'élargir nos connaissances pour aller au-delà des seules couches de l'éther chimique et de lumière, qui se trouvent essentiellement dans le sol, pour porter notre attention vers des couches d'énergie plus élevées. Le centre d'attention se déplace ainsi naturellement des recherches d'éventuels effets pathogènes de l'habitat vers une géobiologie spirituelle.

3.5.1. Les Cercles d'énergie dans la nature

Les cercles sont symboliquement des périmètres d'influence et de protection. Ils attirent notre attention vers leur milieu, vers l'essentiel. Faire partie d'un cercle d'êtres sensibles est en même temps en être un participant égal. En tant que symbole d'une circulation sans début ni fin, les cercles d'énergie semblent transcender le temps. Ceci est le cas surtout pour les cercles des Trônes qui nous apportent une dimension de l'infini, de la bénédiction éternelle et du rayonnement d'un être angélique puissant.

- **Les zones d'influence des êtres élémentaux**

(terre, eau, feu, air, espace) Les trois catégories d'élémentaux les plus grands ont chacun un cercle d'énergie qui les entoure et qui est détectable sur le terrain comme sur une carte.

L'élémental de l'eau à Alaise/Eternoz possède un rayon de 2000 m (photo), le très grand élémental de l'eau ancré dans le grand bassin des jardins des Tuileries à Paris a un rayon de 8 km. Le premier est un petit élémental, le dernier un très grand élémental.

- **Les 4 cercles des Dévas de parcelle**

En tondant son gazon une amie laissa libre un cercle avec des fleurs des champs. Quelques semaines plus tard, les fleurs, une fois fanées, elle finit par tondre aussi l'herbe dans le cercle pour y placer dans son milieu une boule en céramique.

Nous avions constaté auparavant qu'elle avait tondu son cercle intuitivement exactement autour de l'emplacement de la Déva de parcelle. Le cercle lui-même se trouvant à la place précise du cercle extérieur de cette Déva. Chaque Déva de parcelle a quatre cercles concentriques autour d'elle. Chacun correspondant à un des quatre éléments. Celui à l'extérieur correspond à l'éther de chaleur ou réflecteur (élément *air*), le deuxième à l'éther de vie (l'élément *terre*), le prochain à l'éther de lumière (élément *feu*). La Déva elle-même est positionnée dans un dernier cercle qui est lié à l'éther chimique (élément *eau*).

- **Les cercles des Trônes**

Les Trônes sont des êtres angéliques d'une grande autorité. Ils font partie de la sphère 18 (voir appendice). Ils sont les esprits de la volonté divine. Je les ai rencontré à plusieurs reprises, pas en personne, mais par rapport à leur fonction. Leurs paroles me sont apparues comme martelées dans du granit. Ils apportent de la structure.

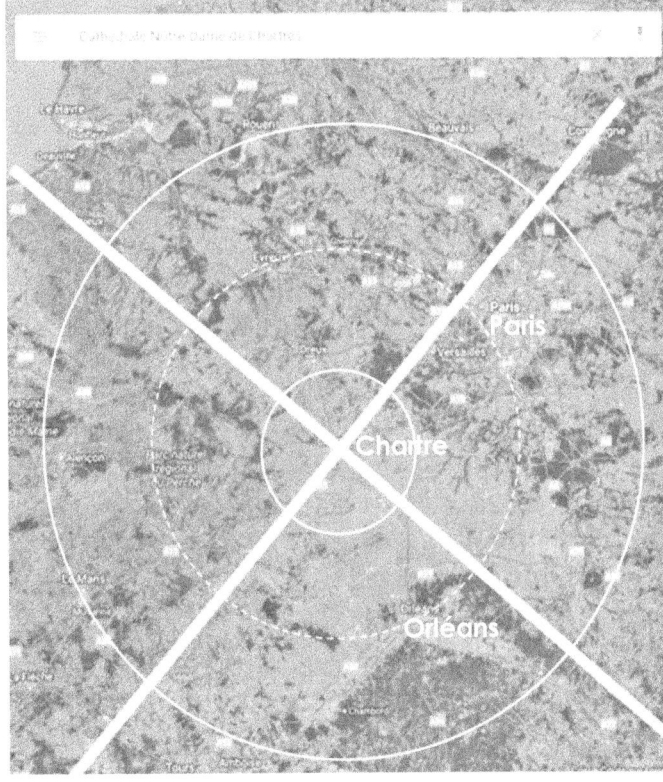

Daniel Perret – Guérir la Terre

Leurs signatures énergétiques sont leurs cercles concentriques. Ils les ont placés au début de la terre autour des lieux potentiellement sacrés. Les sites que je nomme lieux sacrés de premier ordre, possèdent quatre de ces cercles ; les sites de deuxième ordre en ont trois. Ces cercles de Trônes sont perceptibles dans la nature comme sur des cartes. Le premier cercle de Trône que j'avais perçu entoure Montserrat près de Barcelone. Sur la carte page précédente nous voyons les deux cercles extérieurs de Chartres (les lignes ininterrompues). Chartres possède quatre cercles de Trônes en tout. Le cercle extérieur va au-delà de Paris et atteint un rayon de 120 km.

o **Cercles druidiques**
La découverte des trois cercles druidiques entourant un lieu d'enseignement, passé ou présent, est fascinante. Il s'agit de cercles dus à une activité humaine. Il s'agit de lieux d'enseignement dans la tradition des 'trois mondes' ou 'trois initiations druidiques'. Lors de mes explorations des lieux sacrés importants c'est autour de Vézelay que je suis pour la première fois tombé sur ces trois cercles. Il s'agissait clairement de cercles ne faisant pas partie des cercles de Trônes ou d'un grand élémental. Vézelay avec sa basilique fait partie

Vézelay - triple croisement

des très grands lieux sacrés de France. Elle se trouve sur une petite colline ronde. Le fait que Vézelay se trouve sur un croisement de lignes énergétiques de la grille No 6 souligne la possibilité que ces trois nouveaux cercles soient dus à une activité druidique. En effet C me confirme qu'à Vézelay il y eut des enseignements druidiques de 566-544 avant J.C.

On retrouve cette période des 22 ans dans beaucoup d'autres lieux d'enseignements druidiques. L'enseignement des trois cercles druidiques comportait trois périodes de 7 ans. La première année était réservée à la sélection de futurs étudiants. Les enseignements débutaient lors de la deuxième année. Voir 5.1.14 pour plus de détails comment ces enseignements de l'ancienne Egypte nous sont parvenus en passant par l'école des mystères d'Eleusis en Grèce puis Alésia au sud de Besançon. Le nom Alésia étant de même origine qu'Eleusis. Nous devons l'histoire très intéressante qui lie ces deux lieux à Xavier Guichard qui fit dans les années 30 cette remarquable recherche sur les lieux éponymes en France ayant la même source qu'Alésia ('Eleusis-Alésia - *Enquête sur les origines de la civilisation européenne*' [7]). De là ces enseignements se sont répandus à travers toute l'Europe.

Selon Aristote, les futurs initiés d'Eleusis ne recevaient pas un enseignement fondé sur des livres. On ne dispensait pas aux futurs initiés un enseignement proprement dit ni un corps de doctrines. L'initiation consistait à éveiller chez eux des sentiments et un état d'âme : « Les initiés n'ont pas à apprendre, mais à recevoir des impressions et à être mis dans certaines dispositions, après y avoir été convenablement préparés. » [J. Croissant, Aristote et les Mystères, p. 146.].

Ces écoles de mystère ont été pendant des siècles des écoles 'secrètes', dans le sens où l'on ne pouvait pas divulguer le type d'enseignement qui s'y passait. Ceci pour plusieurs raisons. L'une étant qu'il est pratiquement impossible de décrire en mots un processus qui repose presque entièrement sur du vécu et des expériences. Toute divulgation ne pouvait donc que rester partielle et donner occasion à des malentendus, des distorsions – mais, qui de fait, à cause de la fantaisie des gens, n'ont jamais pu entièrement être évités. L'autre raison, toujours valable de nos jours, est que tout enseignement menant à l'autonomie des êtres était mal vu par certains systèmes autoritaires. Mieux valait ne pas en parler trop ouvertement.

Il nous faut donc deviner ce qui fût enseigné dans ces mystères d'Eleusis mais certainement aussi à Alésia, avant et avec les Druides.

Toute compréhension de la nature de l'énergie de la Vierge Noire, être identique à Déméter ou Déesse de la Terre, nous mène vers l'intérieur de la terre, le domaine du Hadès de la mythologie grecque, ce même Hadès qui enleva la fille de Déméter, Perséphone et l'emmena dans son royaume, aussi appelé royaume des morts. Cette désignation vient non seulement du fait que beaucoup de cultures enterraient leurs morts, mais que, pour vaincre la mort, il fallait aller de son vivant vers la Vierge Noire, et ainsi dissoudre ou laisser mourir l'Ego, notre petite personnalité. Alors nous accédons à notre âme intemporelle qui ne meurt jamais. On devient immortel, ou plus exactement, on réalise notre immortalité qui est notre réalité plus vaste et qui a toujours existé. Les 3 phases initiatiques de type druidiques consistent en un :

1er cercle – l'amour du monde visible. Il s'agit essentiellement d'accepter totalement les circonstances de notre propre vie, ses fondements karmiques, héréditaires et psychologiques. Cela correspond au travail de transformation des trois chakras du bas.

2ème cercle – l'amour du monde invisible. Cela ne peut se faire qu'à l'aide de l'ouverture du chakra du cœur et est le fruit de la transformation des énergies et thèmes des trois chakras du bas. La rencontre avec les êtres du monde invisible est une affaire de cœur. Elle ne peut se faire ni en forçant ni avec l'égo.

3ème cercle – la rencontre avec la Vierge Noire, la Dea Mater. Cela correspond essentiellement au travail sur les trois chakras du haut : thyroïde, front, coronal, et résulte en un état de conscience sans pensées ni concepts. C'est uniquement dans cet état de 'noir vierge' que nous sommes réellement ouverts pour de nouvelles impulsions et de vraies pensées créatives.

J'observe, autour de certains lieux d'enseignements druidiques, seulement deux de ces cercles. Il manque le cercle intérieur. Ce qui me fait dire qu'à cet endroit ne fût probablement pas enseigné le troisième cercle. J'ai découvert sur Google maps ces trois cercles également autour de certains lieux d'enseignement du présent. Les enseignements de ces trois niveaux d'initiation me semblent intemporels. Ils restent, avec leur simplicité et leur naturel, d'une actualité fondamentale. Voir aussi 5.1.14.

C m'indique les périodes durant lesquelles les trois cercles druidiques furent enseignés dans les lieux qui suivent (liste non exhaustive) :

    A Eleusis (Grèce)   659-397 avant J.C.

En Suisse :
Wahlern près de Schwarzenburg   532-510 avant J.C.
Goldswil près d'Interlaken   507-485 avant J.C.
Lenzburg   483-461 avant J.C.
Thun   475-453 avant J.C.
Thierachern   (interrompu)   457-453 avant J.C.
Negrentino, Tessin   444-422 avant J.C.

En France :
Alesia/Alaise   544-478 avant J.C.
Mont Lassois   498-476 avant J.C.
Cazenac près de Beynac   467-445 avant J.C.
Vézelay   459-437 avant J.C.
Dolmen de la Bajoulière   450-428 avant J.C.
Berboules au-dessus de Sergeac   447-425 avant J.C.
Lavau près de Troie   365-343 avant J.C.
Montagne de Verre, Guyon   154-146 avant J.C.
  que deux cercles, enseignement inachevé

- **Cercles d'influence des grandes cultures**

J'ai été étonné de découvrir ces très grands cercles. Ce sont les cercles les plus étendus que j'ai trouvé à ce jour pouvant atteindre plusieurs milliers de km de rayon. Ils correspondent à la zone d'influence de grandes civilisations du passé comme Louxor en Egypte, Istanbul/Constantinople, Dall/Triquet Island CND, Flat Mountain des Indiens Navajo aux USA, Ur de la civilisation sumérienne, Eleusis, Jérusalem, Lhassa, Beijing, Atlantis. Concernant le cercle d'influence d'Eleusis à travers les âges C me donna la réponse suivante et que vous trouvez sur la carte qui suit.

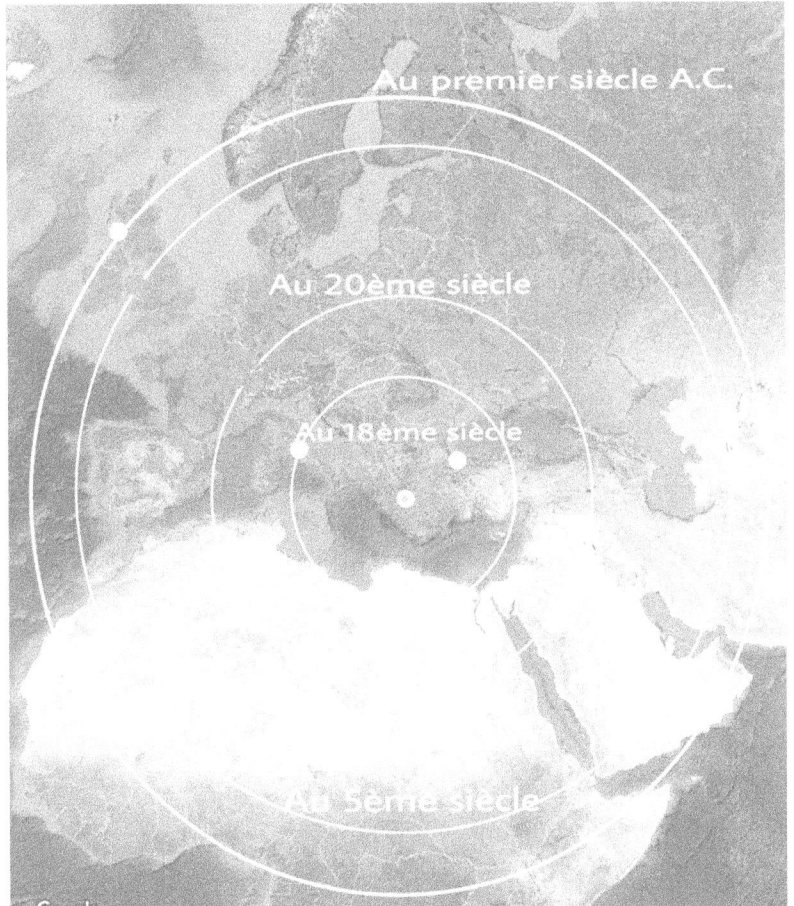

Légende : Le périmètre d'influence d'Eleusis à travers les siècles. Cette influence était la plus étendue au premier siècle avant J.C. Ce qui correspond à l'époque des enseignements. Au 5ème siècle de notre ère son influence avait déjà diminué et a atteint son minimum au 18ème siècle pour s'élargir à nouveau au courant du 20ème siècle.

- **Cercles provenant d'activités humaines**

Certains rituels peuvent créer des cercles d'énergie autour d'un lieu. Nous avons rencontré cela au sujet des cercles druidiques ainsi que les cercles de points-étoile (3.5.2.). Je décris un autre exemple sous 3.6.5. concernant les stoupas du centre Tibétain de Chanteloube en Dordogne.

D'autres cercles

Autour du lieu sacré des Berboules au-dessus de Sergeac en Dordogne, j'ai trouvé, outre les cercles décrits précédemment, en tout 19 cercles. Le plus grand des cercles de ce lieu couvre pratiquement toute la France et correspond au cercle d'influence du lieu. Tous les cercles sur la photo ci-contre font partie des 19 cercles. Chaque ligne formant un cercle mesure vers les 30 cm d'épaisseur et peut assez facilement être détectée sur place.

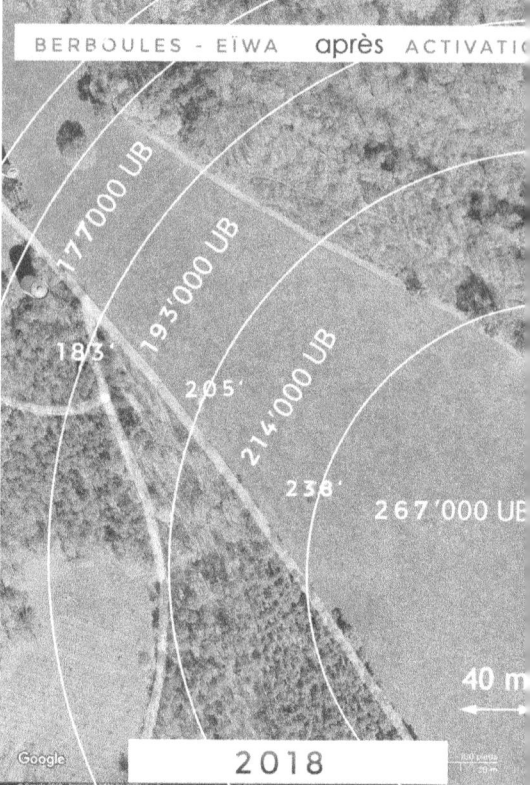

Les chiffres indiquent les niveaux d'énergie après activation du lieu en novembre 2017. Le cercle intérieur sur la photo sert aux lieux d'ancrage des quatre reines (voir 3.6.4.).

3.5.2. Colonnes d'énergie et vortex

Les vortex sont des spirales d'énergie ou colonnes cosmo-telluriques reliant en quelque sorte 'ciel et terre'. Tous les points de croisements de grilles d'énergie attirent des vortex d'échange d'énergie, probablement parce qu'ils sont des points de distribution d'énergie au niveau horizontal.

Les points étoile sont des vortex particulièrement puissants et peuvent avoir entre trois et cinq bras en forme de spirales qui peuvent atteindre sept mètres de long. Leur longueur et nombre dépendent de la puissance de la colonne d'énergie. Selon C 58% des points étoile se situent sur la superposition des croisements des grilles Hartmann et Curry. Ce sont des points d'échange d'énergie éthérique entre les deux couches de l'éthérique sous terre : l'éther chimique et l'éther de lumière, et les deux couches au-dessus du sol : l'éther de vie et l'éther réflecteur.

L'énergie des points étoile est la plupart du temps trop puissante pour l'avoir près des endroits où nous passons beaucoup de temps comme notre lit ou notre place de travail. Il est donc bien de les en éloigner. Heureusement ces point se laissent déplacer assez facilement. On les placera alors dans le jardin ou dans la rue par exemple. Etant donné qu'ils ont toujours un élémental du *feu* qui les accompagne il est judicieux de lui demander d'abord si nous pouvons déplacer la colonne. On l'entoure alors de nos deux bras et on l'accompagne vers l'endroit

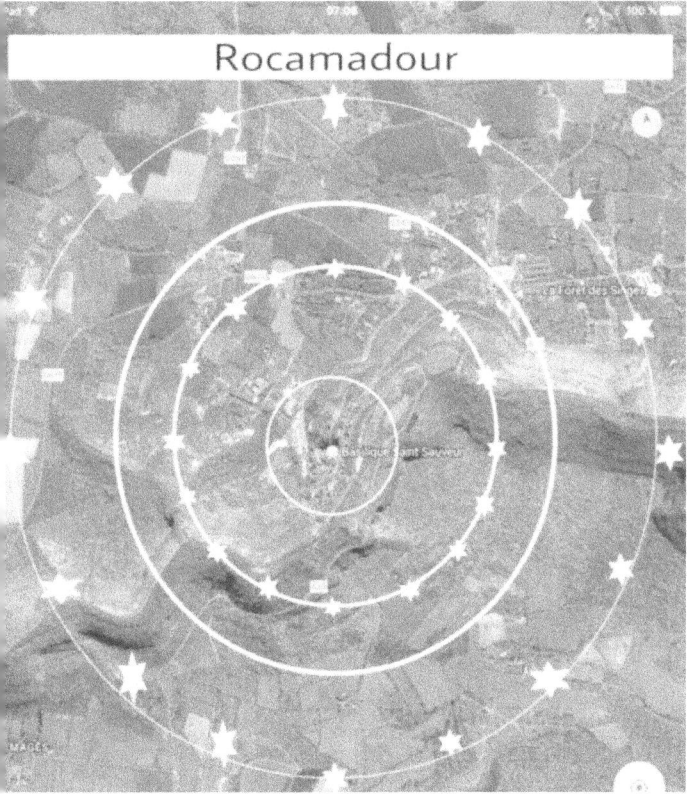

choisi. Un ami à moi nous montra un jour comment faire lors d'un stage chez lui. Il nous plaça sur une ligne avec nos lobes-antennes à la main tandis qu'une des participantes déplaçait la colonne en question vers la droite. Toutes nos lobes-antennes firent alors le même mouvement vers la droite.

Tous les vortex d'énergie ont un rythme de deux heures d'énergie montante, suivi de deux heures d'énergie descendante. L'énergie tellurique (provenant de la terre) vient de la couche de l'éther chimique, l'énergie cosmique (provenant du ciel) vient de la couche extérieure de l'éther réflecteur/éther de chaleur. Cette couche particulière est une interface avec des énergies de très hautes fréquences venant 'd'en-haut'.

Il y aurait, selon C, environ 125 points étoiles au kilomètre carré. Plus il y a de points étoiles dans un lieu, plus il est chargé en énergie. J'ai trouvé des lieux où des points étoiles avaient été arrangés par des humains sur un cercle existant. Ils les avaient placés à intervalles égaux. Ils ont du faire cela pour 'nettoyer' un lieu de pèlerinage comme Rocamadour de l'influence dérangeante de ces points étoiles. Ces cercles de points étoiles sont donc des témoins d'une intervention humaine basée sur un savoir énergétique. Le cercle d'énergie lui-même, sur lequel ces points sont placés, résulte de l'activité humaine. Dans le cas de Rocamadour il s'agit de cercles d'énergie créés par les prières du lieu de pèlerinage. Les points d'ancrage des anges (du paysage et autres) forment également des colonnes. Ces dernières sont différentes et bien plus grandes, pouvant atteindre plusieurs km de haut.

3.5.3. Les 12 Grilles énergétiques de la Terre

La terre est entourée de plusieurs grilles d'énergie toutes créées par la déesse de la Terre. Elles acheminent et distribuent de l'énergie. Les grilles éthériques No 1-8 ont entre autres aussi une fonction protectrice. Ces grilles sont composées de lignes d'énergies majeures et mineures qui se croisent à angle droit comme sur un échiquier. Leurs intersections forment des croix d'énergie et sont des points d'une plus grande quantité d'énergie. Elles forment une structure qui transcende la seule dimension physique, tandis que les cercles transcendent eux la dimension temporelle.

Légende : les six grilles principales et leur inclinaison par rapport à l'axe est-ouest (la ligne horizontale)

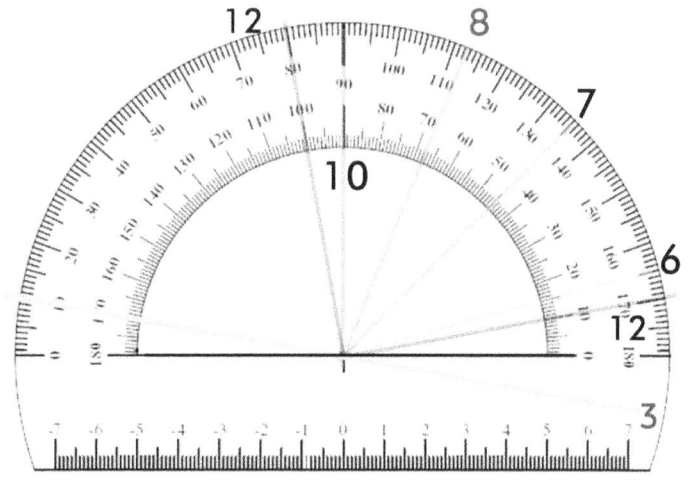

Daniel Perret – Guérir la Terre

Bien connues sont les deux premières grilles, celle dite de Hartmann et celle de Curry. De temps en temps je suis tombé sur une troisième grille dans un livre ou sur internet, mais qui portait un nom différent selon l'auteur. Les grilles Hartmann et Curry ont des mailles assez étroites ainsi que des fréquences relativement lentes, ce qui les rend plus facilement détectables.

Un jour la Déva de la parcelle des voisins se manifesta. C'était au début du travail de soins à distance à l'aide du cristal (voir 6.7.). Elle se plaignait des effets de travaux en cours autour du transformateur qui se situe à environ 100 m de son point d'ancrage. Vu cette distance j'étais un peu étonné que cela puisse la perturber au point de venir me trouver. J'ai assez vite découvert qu'il y avait en fait une ligne d'énergie qui passe à travers ces deux points et donc fait la connexion. L'orientation de la ligne m'indiquait clairement qu'il ne s'agissait pas des deux grilles connues de Hartmann ou de Curry. C me le confirma. En leur demandant alors combien de grilles existaient en tout, ils me dirent : 12. C'est cet évènement qui me fit découvrir les 10 nouvelles grilles que je vais expliquer (voir schéma page 134).

Le fait de pouvoir regarder de plus près tout endroit sur terre à l'aide de Google Maps fut décisif dans la découverte p.ex. de l'orientation des lieux de cultes. Une fois que j'eus découvert une première dizaine d'églises en Dordogne toutes orientées exactement selon la grille No 6, je sus que j'avais mis le doigt sur un savoir perdu ou du moins inconnu pour moi. Depuis j'ai trouvé des centaines d'églises, de cathédrales, de monastères et autres bâtiments tous orientés selon l'une ou l'autre des grilles No 3, 6, 7 ou 8. L'essentiel n'étant pas uniquement l'orientation de ces bâtiments mais le fait qu'ils se trouvent sur des croisements de lignes et orientés selon celles-ci. Par exemple dans toute cathédrale orientée selon une grille le croisement du transept et de la nef centrale suit les deux lignes de la grille en question. Tout hasard était de ce fait exclu. Je devais prendre au sérieux cette découverte.

Fonction et histoire des grilles

o **La grille No 1 de Hartmann**   Orientation 0°/ 90°

Si en général ces bâtiments de culte sont orientés vers le soleil levant ou le sud, le degré d'orientation change selon la grille énergétique prédominante de l'époque. Les anciens percevaient ces structures énergétiques et savaient que les croisements de lignes correspondaient à des endroits avec une énergie plus élevée et donc plus propice à un contact avec le Divin. Ils savaient très bien que tout phénomène énergétique n'est que la signature d'un être

Photo : cathédrale **de Fribourg** en Suisse. Celle-ci se trouve sur un croisement de lignes No 8. Son orientation ne suit pas celle du fleuve ni d'autres critères architecturaux de la ville.

et savoir invisible. Ces structures sont un pont perceptible vers cet invisible. Cette grille No 1 est facile à détecter ; elle est la plus ancienne et la plus connue. Elle appartient à l'éther de lumière est fut utilisée pour l'orientation d'édifices de culte il y a plus de 42'000 ans. A ce jour je n'ai pas encore trouvé de traces écrites sur l'utilisation de ces grilles dans l'orientation des bâtiments sacrés. Elles doivent bien exister quelque part. J'ai découvert près de chez nous une ligne majeure de la grille Hartmann qui fait env. 1.26 m de large.

- **La grille No 2 de Curry**   Orientation 45°

Cette grille est également très connue. Du fait de sa fréquence relativement basse, elle aussi est facilement repérable à main nue. Elle fait partie de l'éther de lumière et fut utilisée pour l'orientation de bâtiments sacrés d'environ 40'000 à 4'000 ans avant J.C.

- **La grille No 3 'néolithique'**   Orientation – 10°

Cette grille fait également partie de l'éther de lumière. Elle fut utilisée d'environ – 4'000 à – 2'200 ans avant J.C. pour l'orientation de bâtiments ou l'alignement de pierres p.ex. Son utilisation cessa lors du passage vers l'âge de bronze. La cathédrale de Magdebourg (photo) a apparemment été construite sur l'emplacement de constructions plus anciennes dont la plus vieille devrait remonter à l'âge de pierre (néolithique). La cathédrale actuelle a gardé l'emplacement et l'orientation de l'époque. Le croisement des lignes No 8, plus puissantes, se trouvant dans le fleuve, celles-ci ne pouvaient pas servir pour le placement de la nouvelle cathédrale.

- **Les grilles No 4 et 5**

Lors du passage vers l'âge de bronze, il y a environ 4200 ans, vraisemblablement d'énormes bouleversements se sont fait sentir dans toute l'Europe. Les deux grilles No 4 et 5 n'ont été utilisées que durant une très courte période, le niveau d'énergie du monde ayant été relevé plusieurs fois en peu de temps. Une autre grille d'énergie plus puissante les a remplacées très vite. Aussi, si j'en détecte quelques-unes sur le terrain, je n'ai pratiquement pas trouvé de bâtiments orientés selon ces deux grilles.

- **La grille 'de l'âge de bronze' - No 6** Orientation +15°

Avec le passage à l'âge de bronze c'est cette grille qui commença à être utilisée et restera en fonction pendant 3000 ans jusqu'à la fin de l'âge de fer vers 850 A.D. Cette grille possède une fréquence bien plus élevée que les précédentes. Il faut s'imaginer que toutes les grilles 1-8 avaient été installées tout au début de l'existence de la terre. Mais elles n'ont été intro-duites à la conscience humaine que progressivement. La raison étant probablement l'augmentation de la fréquence de la terre en plusieurs étapes.

Vers 2200 ans avant J.C. d'énormes bouleversements ont

Daniel Perret – Guérir la Terre

dû avoir lieu, tant au niveau économique, mental, technique que culturel. C'est en effet à la même époque que la culture sumérienne disparaît, que l'ancienne dynastie égyptienne est en plein déclin, que Stonehenge fut érigé, que la civilisation des Orcades fut abandonnée et dispersée. L'introduction progressif du bronze voit apparaitre des armes plus efficaces et nécessite de toutes nouvelles routes commerciales pour acheminer les nouveaux métaux nécessaires à la fabrication du bronze. Ces développements ont également progressivement provoqué cet énorme basculement du matriarcat vers le patriarcat, donc vers la dominance masculine et plus guerrière.

La plupart des constructions sacrales de nos jours datent de cette longue période d'utilisation de la grille No 6. Les édifices successifs d'un lieu vont très souvent garder l'orientation des édifices qui les précèdent, qu'il s'agisse de dolmen, de temples romains ou des premières églises chrétiennes. L'âge de fer commence vers 500 ans avant J.C., ce qui correspond aussi à l'époque principale des enseignements druidiques en Europe.

- **La grille 'de l'an 1000' - No 7**   Orientation +44°/-46°
Vers l'an 850 se termine l'âge de fer. La grille No 7 a été utilisée pour l'orientation d'églises et des premières cathédrales pendant une période relativement courte de 200 ans, de 850-1050. Je la trouve cependant également sur d'autres lieux comme le cromlech ou cercle de pierres de Brodgar sur les îles des Orcades en Ecosse ou au Krindehubel au-dessus de Sigriswil en Suisse. A Brodgar il y a aussi la grille No 3 qui correspond avec l'époque de la civilisation des Orcades, mais pourquoi y trouve-t-on cette grille No 7 ? Etait-ce simplement un potentiel de ce lieu qui n'a pas été utilisé ? De nouveau il faut se rappeler que

cette grille, comme toutes les autres, est présente sur les lieux depuis la nuit des temps, mais est seulement devenue consciente pour l'être humain quand sa période est arrivée. Vu sa courte durée cette grille No 7 me semble être à nouveau une grille de transition, comme les grilles No 4 et 5 avant elle. Au 10ème siècle furent établis les fondements de l'Europe de nos jours. Lors du 10ème et 11ème siècle les changements en Europe étaient tellement importants, que les historiens désignent cette période comme étant la transition du haut moyen âge vers le moyen âge classique. Les invasions des Huns et des Vikings arrivèrent à leur fin. C'est à cette époque que la grille no 8 remplaça la No 7.

Dans l'Europe occidentale du 11ème siècle l'économie basée sur la monnaie devient la règle. Le besoin en pièces de monnaie augmentant à cause du commerce intérieur en pleine expansion, fut satisfait par l'exploitation de nouvelles mines d'argent. La production de fer connut également une nette augmentation. L'introduction des métiers à tissage horizontaux dans les Flandres et en Champagne augmenta considérablement la productivité du secteur du textile. La construction d'églises connut un boom considérable et entraina un élan de la branche de construction. « ...facilitée par une réforme ecclésiastique ainsi que l'essor commercial et une stabilité politique relative il y eut une augmentation significative de constructions d'églises en pierre. Avec l'amélioration des outils l'agriculture connut également un gain de productivité. Les diocèses s'enrichirent. Les impôts apportèrent aux évêques beaucoup d'argent qu'ils utilisèrent pour construire les cathédrales. Dans l'espace de deux siècles il y eut p.ex. en France la construction de 80 cathédrales et de 500 grandes églises. » (Wikipedia)

- **La grille 'des cathédrales' - No 8**   Orientation +68° / -22°

Cette grille-ci a été utilisée depuis 997 pour l'orientation de certaines cathédrales et églises. C'est pourquoi je l'ai nommée 'la grille des cathédrales'. L'ancien savoir sur l'orientation de bâtiments s'est de toute évidence perdu petit à petit après l'an 1000. Sur la photo ci-jointe on voit le monastère de St. Gall et Suisse, célèbre pour sa bibliothèque exceptionnelle. Il est placé et orienté selon la grille No 6. Il est intéressant de voir qu'un croisement de la grille No 8 coïncide avec l'ancien croisement No 6. Un troisième croisement vient s'y superposer en septembre 1940 avec la grille mentale No 10.

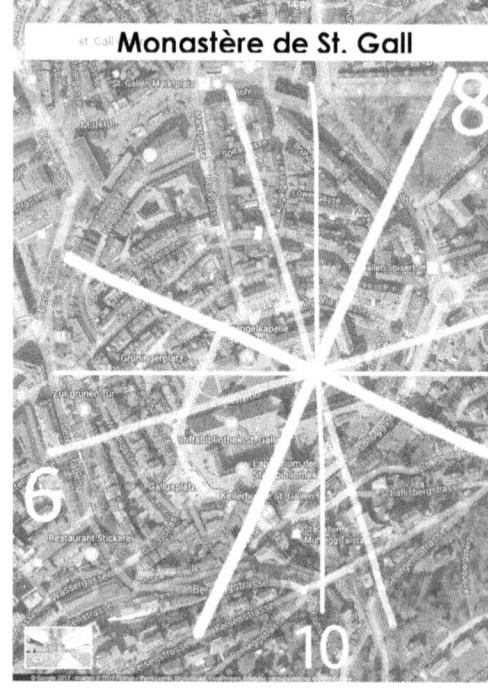

- **La grille mentale - No 9**

Je ne sais pas grand-chose sur cette grille. Il semblerait qu'elle était en fonction il y a fort longtemps, probablement au temps de l'Atlantide. C me dit que son énergie a été utilisée à mauvais escient et n'est plus accessible aux humains depuis très longtemps. Avec cette grille No 9 une nouvelle sorte de grille apparaît. Ce sont en tout trois grilles qui distribuent de l'énergie du mental supérieur. Il ne s'agit pas d'énergie intellectuelle seule mais d'une énergie mentale qui n'est pas dictée par l'égo : intuition, symboles supérieurs, pensées ou structures mentales de haut niveau basées sur des valeurs spirituelles (voir appendice 5 pour plus de détails). C'est sur ces énergies que sont fondées nos pensées culturelles, sociales, religieuses, scientifiques et économiques. Dans l'aura humaine nous trouvons ce type d'énergie surtout dans les deux courants de croyance (voir dessin pages 41 et 42).

- **La grille mentale de 1940 - No. 10**   Orientation +0° / 90°
Je ne peux que deviner la vraie fonction d'une grille mentale. Cette grille 10 n'a pas été utilisée pour orienter ou placer des bâtiments puisqu'elle n'a été créée qu'en 1940. La plupart des lieux sacrés de notre liste dans l'appendice ont une grille No 10. Les seuls endroits qui n'en ont pas ne semblent plus être utilisés et donc sont probablement sans grande importance pour notre époque. Voir pour l'histoire extraordinaire de cette grille le paragraphe 5.1.15.

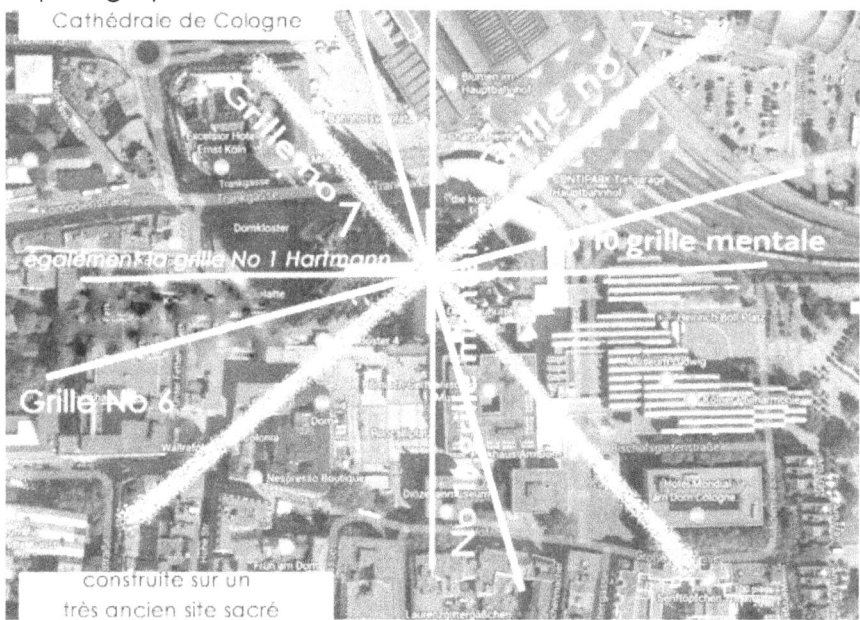

Photo : la cathédrale de Cologne est sur un emplacement remarquable. La grille No 10 n'ayant pas servi pour l'orienter, son orientation et placement date de la grille No 1, dite Hartmann, donc de plus de 42'000 ans ! Nous y trouvons également des croisements de la grille No 6 et 7. Cette cathédrale serait donc le rare témoin d'une très longue succession de lieux de culte.

Le fonctionnement de cette grille No 10 est assuré par des esprits d'un nouveau type. Ils ont été créés par la Déesse de la Terre en même temps que la grille, donc en septembre 1942. Ces esprits forment depuis une nouvelle hiérarchie, parallèle à celles des élémentaux, Dévas, Dagdas et grands Elfes (Sidh).

- **La grille mentale - No. 11**

Cette grille ne sera en fonction que dans le futur. Elle aura, selon C, une forme de spirale allant de pôle en pôle.

- **La grille spirituelle - No 12**   Orientation + 10° / 100°

La ligne centrale de cette grille mesure environ 5 m de large et contient 12 bandes de 30 cm chacune et une dizaine de cm entre les bandes. Chacune de ces bandes est composée de trois rubans d'énergie. L'énergie des 12 bandes coule soit vers le nord, soit vers le sud selon des séquences changeantes. Le dessin qui suit reflète des mesures à un moment où l'énergie des deux premières bandes circulait vers le nord, les prochaines quatre vers le sud, etc. La direction de l'énergie des bandes change de jour en jour. Chaque bande semble être liée à un des 12 archanges. La première bande, en comptant de l'ouest, a comme parrain l'archange Raphaël et son thème de guérison ; la deuxième Uriel avec le thème de l'enseignement, etc. (voir l'illustration page 56). Le mouvement d'énergie vers le nord correspond, selon C, à une régénération, un inspir, en quête de l'inspiration, le mouvement vers le sud serait comparable à un expir, un ancrage et une expression. Cette grille 12 véhicule essentiellement l'énergie des sphères spirituelles 7 (ange de l'Europe p.ex.), ainsi que 17-20. Son énergie se diffuse partout un peu comme le parfum d'une rose dans le coin d'une pièce.

Les lignes de cette grille ont des bandes secondaires de chaque côté perceptibles jusqu'à 400 m avec une montée progressive d'énergie vers la bande centrale de 5m.

Grille No 12, ses 12 sous-lignes, contenant chacune 3 bandes (ici au croisement aux Berboules)

L'influence de cette grille et de ses lignes couvre toute la terre. Même si je peux constater une intensité d'énergie sur sa bande centrale, son effet est global. Comme avec toutes les structures d'énergie sacrées nous sommes libres de nous associer à elles et d'en faire usage ou non.

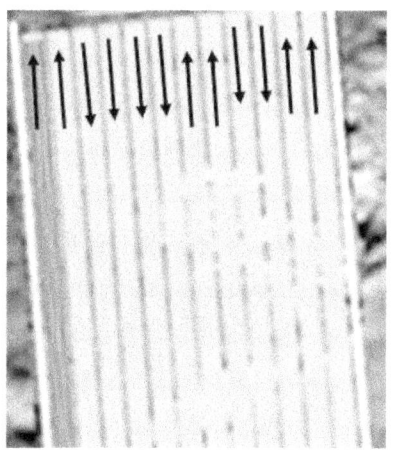

Unités Bovis des trois rubans : 47' / 83' / 140'
140' UB est en même temps le potentiel de ces lignes No 12. Mesuré en 1000 Unités Bovis.

Nom de la grille	Type d'énergie	Distances entre lignes de-à mineures/majeures	Orientation	Khz	Fonction	Epoque d'utilisation pour orientation
nickel, fer, zinc, cuivre, sélénium, magnésium, lithium,	chimique	Sous terre et jusqu'à environ > 1 m au-dessus	Multiples directions	1>5,9	Création de la matière	> 40'000 ans B.C.
Aluminium, uranium, or, argent, titane, platine, palladium, antimoine	de lumière			6>6,4		www.vallonperret.com 12.8.2018
1. Hartmann	de lumière	83 - 112 cm	NS-EO 0°/90°	6,5	protection	> 40'000 ans B.C.
2. Curry	de lumière	120 - 133 cm	NO-SE/NE-SO 45°	8,3	protection	40'000 - 4'000 ans B.C.
3. néolithique	de lumière	7 m / 11 km	NS-EO -10°	21,9	protection	4'000 - 2'200 B.C.
4. Grille 4	de lumière	53 m / 1410 m	NO-SE/NE-SO 45°	34,3	protection	Brièvement il y a 4'200 ans
5. 'pré druidique'	de vie	62 m / 3 km	N-E/E-O 0°/90°	212	vitaliser	Brièvement il y a 4'200 ans
6. 'Druidique'	de vie	1230 m / 13 km	NNO-SSE .... 15°	283	Enseignements d'Egypte	2'200 B.C. - 850 A.D.
7. de l'an 1'000	réflecteur	1660 m / 600 km	NO-SE/NE-SO 45°	345	Impulsion pour la formation de l'Europe	Entre 850 - 1'050 A.D.
8. Cathédrales	réflecteur	32 / 157 km	NO-SE/NE-SO 68°	745	Mémoire culturelle	Début en l'an 997
9. Une	Mental supérieur	'grilles' essentiellement dans une autre dimension, la mentale	NO-SE/NE-SO 0°/90°	990	Croyances continentales, niveau 'mass-média'	Utilisée il y a longtemps fût abusée, inaccessible
10. Deux			NS-EO 0°/90°	10'000	Avancées mentales fondamentales	septembre 1940
11. Trois			Spirale pôle-pôle		Croyances globales, niveau croyances clé	Ligne/énergie accessible dans l'avenir
12. Spirituelle	Spirituel	185 / 1'537 km	NS-EO 10°/100°	275'000	Hiérarchie angélique Ange de la Terre, etc.	De tout temps (7 m de large)
A1	inférieur	68 km	⬡		Echanges **commerciaux**	idem
A2		100 km			Structures de **pouvoir**	idem
A3		248 km	△		**Exploitation** de la terre	idem
A4		285 km			Entraide Internationale	idem
A5	supérieur	380 km	⬠		Initiatives citoyennes	idem
A6		568 km			Structures de développement personnel & spirituel	idem

(Ethérique / Astral)

Le potentiel énergétique des grilles

Les quatre grilles principales 3, 6, 7 et 8 fournissent un potentiel en énergie intéressant surtout à l'endroit du croisement de leurs deux lignes, y formant pratiquement un doublement de l'énergie. Ce potentiel énergétique des grilles est certainement une des raisons pour laquelle des édifices sacrés ont été construits à de tels endroits. Le point de croisement se trouve devant l'autel, à l'endroit où se croisent la ligne centrale de la nef principale et celle du transept.

Voici un schéma sur l'énergie cosmo-tellurique des grilles et leurs croisements, en unités Bovis. Ce moyen de mesurer reste subjectif, mais donne une idée de la progression à travers les grilles.

Grille	énergie de la ligne	énergie du croisement
1 Hartmann	3000	6000
2 Curry	5000	9200
3 Néolithique	6000	11100
4 intermédiaire	7000	13000
5 Intermédiaire	8000	15000
6 âge de bronze/fer	11000	21500
7 de l'an mil	15000	31000
8 des cathédrales	20500	44000

- **Autres lignes**

Il existe d'innombrables types de structures énergétiques. Nous n'en ferons jamais le tour. Les '**leylines**' des auteurs anglais sont, d'après C, des lignes créées par l'homme du même ordre que des égrégores, c.à.d. des créations d'énergie mentale et astrale d'origine humaines. Elles relient normalement plusieurs lieux bien définis comme des chapelles dédiées à St. Michel, etc.

Sur le lieu Eiwa, sur lequel je fais des recherches depuis des années, je constate une série d'autres lignes d'énergie. Si la plupart d'entre elles relient également des lieux précis, elles sont cependant créées par des esprits au-delà du mental supérieur. Je les nomme pour le moment des '**lignes de l'esprit**'. Elles sont perceptibles au niveau énergétique sur le terrain et forment des bandes larges de 21 m avec une ligne centrale.

Dans un tel lieu il y a d'innombrables lignes d'énergie. C me dit qu'elles se comptent par milliers. Chacun ne percevra que celles qui l'intéressent plus particulièrement. (voir aussi 3.6.4.) Etant des phénomènes énergétiques dans nos paysages, ces lignes de l'esprit sont perceptibles et leur dimension mesurable. Ainsi la ligne du milieu fait quelques 30 cm d'épaisseur, tandis que les deux lignes latérales font chacune près de 40 cm. Les informations d'ordre culturel et historique contenues dans ces lignes proviennent des fameuses chroniques d'akasha, toujours selon C. Aussi étranges ces lignes puissent-elles nous sembler, elles sont un langage énergétique qui nous apprend quelque chose sur la fonction et l'histoire de ce lieu.

3.6. L'origine des lieux sacrés

Certes nous pouvons désigner toute source, tout sommet de montagne ou de colline sortant de l'ordinaire ainsi que plein d'autres lieux dans la nature comme étant 'sacrés', comme cela a été le cas dans le passé. Cependant la coopération avec C m'a laissé découvrir ce qu'eux désignent comme des lieux sacrés et qui ont été prédéterminés à une telle fonction par la dimension divine. Ces lieux ont été dotés de structures énergétiques particulières. Je nomme ces structures des 'mandalas énergétiques'.

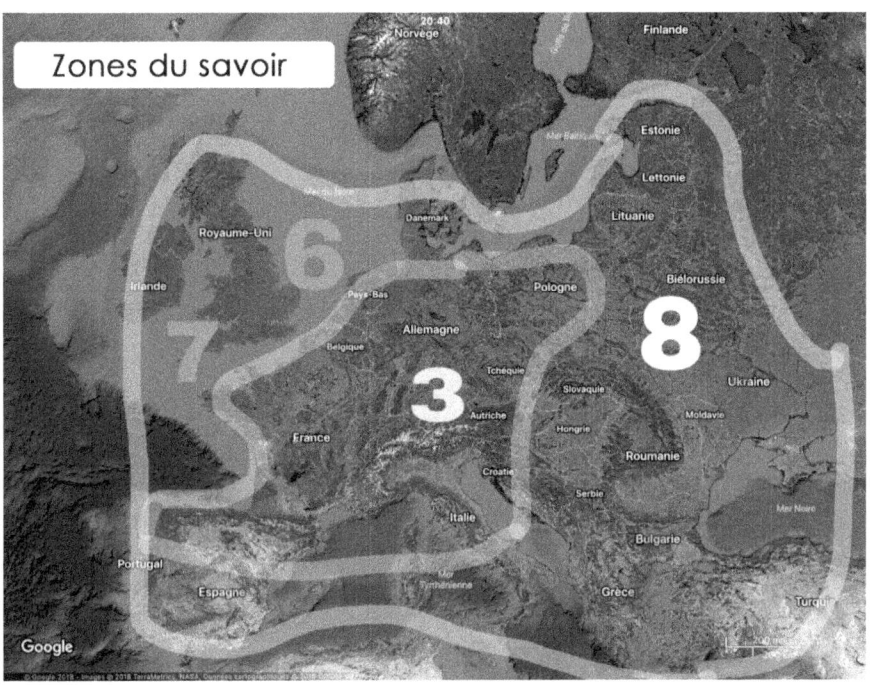

Légende : Les zones de ce savoir perdu à travers les âges, du néolithique 3 aux temps des cathédrales 8. Cette carte est pour le moment une estimation basée sur ce que j'ai trouvé comme édifices orientés.

Suivant cette définition j'ai analysé de nombreux lieux sacrés en ce qui concerne leurs structures énergétiques. Le placement et l'orientation de bâtiments sacrés, dans le sens que j'utilise ici, étaient basés sur un savoir connu apparemment surtout en Europe occidentale. Je n'ai pas encore trouvé de sources écrites à ce sujet. Je n'ai pas beaucoup cherché non plus, l'approche littéraire n'étant pas au centre de mon travail. De tout évidence, vu le nombre d'édifices que l'on trouve orientés ainsi, ce savoir 'secret' était connu des maîtres d'œuvre, des spécialistes dans l'organisation de l'église, de guildes d'ouvriers et éventuellement de franc maçons. Toujours est-il que ce savoir s'est bel et bien perdu. Le dernier bâtiment construit selon ce savoir était, selon C, le palais du parlement à Bucarest vers 1984.

Dans d'autres parties du monde j'ai trouvé ces mêmes structures sur des lieux sacrés des peuples premiers. Selon mes observations ils ont utilisé ce savoir pour placer un lieu sacré mais pas pour y orienter des bâtiments. L'explication étant éventuellement qu'ils n'étaient pas tant intéressés par la construction d'édifices mais davantage axés sur l'expérience et le vécu. En Amérique je n'ai pour le moment pas trouvé d'églises placées ou orientées selon ces critères. J'ai trouvé intéressant, et évident, que les mosquées, elles, ne sont pas orientées selon ces grilles, mais vers la Mecque. C'est-à-dire qu'une mosquée loin au nord de la Mecque pointe vers le sud, les mosquées à l'ouest du lieu saint pointent vers l'est, etc.

Il me semble utile de différencier 5 catégories de lieux sacrés. Je ne décris ici que des lieux que j'ai vérifiés moi-même. D'autres chercheurs et auteurs ont d'autres critères, certainement tout aussi valables selon leurs approches.

Catégorie 1 lieux avec **quatre cercles** concentriques de Trônes. Ces hauts lieux ont également un cercle de Séraphin et un cercle de Chérubin

Catégorie 2 lieux avec **trois cercles** concentriques de Trônes

Catégorie 3 lieux avec cercles créés par des humains, **sans structures énergétiques préalables**

catégorie 4 lieux créés par les humains **sur des croisements de grilles** mais sans cercles concentriques (ni avant, ni après)

catégorie 5 lieux créés par les humains sans aucune structure énergétique (ni avant, ni après). Sans cercles créés par les humains

3.6.1. Le terme 'sacré'

Le terme 'sacré' est utilisé de façons très différentes. Quelle est la différence entre un lieu 'spectaculaire', 'magnifique', 'magique', 'insolite' et un lieu 'sacré' ?

En me tenant au dictionnaire je trouve que 'sacré' exprime, selon le contexte : succès, être 'entier', béni, sain (de corps et d'esprit) ; dans un contexte religieux il contient aussi la notion de 'salut' et de 'libération intérieure'. Il y a environ 1000 ans il y eut un choix malencontreux dans la langue française où le verbe 'sanar', d'origine latine, qui voulait dire 'rendre sain (d'esprit et de corps) a été remplacé par le mot de souche germanique/vieux-francique 'warjan'. Apparenté au terme 'guerrier', il voulait dire à l'origine 'défendre', 'protéger', 'faire barrage'. Est-ce que ce choix reflète un changement profond d'attitude, c.à.d. de vouloir combattre la maladie au lieu de la comprendre dans son contexte spirituel ? Nous retrouvons la souche germanique dans le verbe 'garantir' ou le mot 'garnison'. L'espagnol a gardé ce verbe 'sanar' et qui veut dire 'guérir' ; le français en a gardé les termes 'assainir', 'rendre sain', 'sanitaires', 'santé', 'sanatorium', tous proches du terme 'sain'. 'Sain' et 'Saint' sont, à mon avis, apparentés tout comme le sont les couples de mots allemands heilig, heilen ou anglais : holy, healing. Revoici ma définition de ces deux termes :

'sacrés' sont les lieux et actions qui sont dédiés au Divin et à la Création tout entière.

'guérir' serait le processus, qui permet à la personne de replacer le sacré au centre de sa vie.

Dans son excellent livre « L'Art de la Guérison spirituelle » Joël S. Goldsmith écrit : « Le Monde a besoin d'êtres humains, qui de par leur dévotion à Dieu (à la dimension Divine, D.P.) deviennent, imbibés de l'Esprit Saint, outils par l'intermédiaire duquel la guérison devient réalité. » Guérison et harmonie sont créées par l'acceptation que nous faisons partie dès notre naissance de la dimension Divine, que nous portons le Divin en nous depuis toujours. Notre existence terrestre est une école, dans laquelle nous apprenons à accepter ce fait. Les 'frais', lorsque nous nous cramponnons à notre égo et à toute notion d'isolement et de séparation, nous enseignent avec douleur cette vérité fondamentale. Voir aussi la citation de Black Elk, Elan Noir, au début de ce livre.

La santé parfaite et éternelle n'existe pas, ni un état écologique parfait et sans problèmes. Tout est soumis aux changements et à l'évolution perpétuelle. Dans ce sens il n'existe pas de perfection ni d'harmonie définitive sur terre. Lorsque nous parlons de 'Guérison de la Terre', il s'agit d'obtenir un aperçu de toutes les parties et de l'état d'un écosystème. Nos considérations ont pour but de viser **l'harmonie en tant qu'interaction respectueuse et empathique de tous les êtres sensibles**.

Partant de cette compréhension une disharmonie est un phénomène naturel qui demande une adaptation continue. Nous verrons sous le chapitre 5 que toutes les disharmonies que nous observons aujourd'hui ne sont, et de loin, pas la conséquence d'activités humaines. Dans le sens de redevenir entier et sain, un processus guérisseur est un apprentissage qui confère une meilleure connaissance des interconnexions, des pas de l'évolution et de nouvelles compréhensions sur les effets des éléments du système.

3.6.2. Les lieux sacrés des Trônes et leur signature énergétique

Les lieux que je nomme sacrés, dans le sens des catégories 1 et 2, possèdent tous une signature énergétique particulière. Celle-ci est essentiellement composée de cercles concentriques, installés par les Trônes il y a des millions d'années. Lorsqu'il y a quatre cercles je les nomme lieux sacrés de première catégorie, lorsqu'il y en a trois : lieux sacrés de deuxième catégorie. Ces cercles ont des diamètres de dimensions différentes et peuvent atteindre, pour le quatrième cercle extérieur un rayon parfois de centaines de kilomètres parfois.

Selon le dire des Trônes eux-mêmes, une fois installés ces cercles restent constants dans leur dimension et emplacement. Plus le cercle extérieur est grand, plus le lieu sacré (présent ou futur) est important. La raison pour laquelle les Trônes ont créé deux catégories est due au fait qu'ils voulaient favoriser la création (future) de quelques lieux avec un potentiel très élevé afin que les visiteurs puissent bénéficier de ce potentiel ; une concentration au lieu d'un éparpillement trop important sans cependant réduire le nombre de lieux sacrés potentiels.

Fait intéressant : Autour des lieux de première catégorie, donc avec quatre cercles de Trônes, il y a toujours en plus un cercle lié à un Séraphin et un cercle lié à un Chérubin. Les Séraphins semblent garantir la présence d'énergie divine hors du commun, tandis que les Chérubins semblent favoriser, particulièrement à cet endroit sacré, la cohabitation fructueuse et harmonieuse entre tous les êtres. (voir aussi appendice 1)

J'ai rencontré d'autres critères comme les trois cercles druidiques qui sont également groupés d'une manière concentrique autour d'un lieu. Ils sont cependant créés par des humains et sont l'effet des enseignements des trois niveaux d'enseignement ou d'initiation qui étaient conférés en ces lieux. Cependant je ne voudrais pas utiliser ces critères-là pour définir un lieu saint.

Bien des lieux que nous avons l'habitude de désigner comme étant des lieux saints ne possèdent cependant pas de cercles de Trônes, comme le Mont Shasta, les Monts Olympe et Athos en Grèce. Je n'ai pas d'explication pour cela sauf que ces lieux n'ont pas été désignés par la dimension divine en tant que lieux sacrés. Voir aussi la longue liste dans l'appendice.

Il y aurait en tout 18 lieux de Trônes en **France**, dont douze avec quatre cercles. Un de ces lieux reste cependant largement inconnu à ce jour ainsi qu'un autre reste très peu utilisé, même si le Dalaï Lama l'avait reconnu en tant que tel lors de sa dernière visite en Dordogne. En **Suisse** il y aurait 6 lieux de Trônes, dont 3 avec quatre cercles. 3 en **Belgique** dont 2 avec 4 cercles. En **Allemagne** il y aurait 22 lieux dont 11 avec quatre cercles. Quatre de ces lieux en Allemagne restent inconnus à ce jour. En **Autriche** ce sont 11 avec quatre cercles et 4 avec trois cercles. Selon C les Trônes n'ont plus créé de tels lieux depuis très longtemps.

Bien des lieux prévus par les Trônes ne sont à ce jour pas encore utilisés ou connus comme lieux sacrés. D'autres endroits n'y ont pas d'église ou autre édifice religieux. Un des lieux prévus a même été utilisé à mauvais escient dans le cas du camp de concentration d'Auschwitz (voir 4.12).

Les Trônes savaient que les humains allaient chercher des sommets de montagnes ou de collines particulières pour se sentir plus près du Divin. Quelques-uns de ces sommets ont effectivement des cercles de Trônes comme le Puy de Dôme ou le Puy de Sancy et le Menez Bré en Bretagne. Les lieux sacrés et leurs structures d'énergie sont autant de portes vers un vieux savoir d'êtres visibles ou invisibles. Combien de ces lieux de Trônes ont une église, combien un édifice non sacré, et combien sont restés des endroits en pleine nature sans édifices ?

De nombreuses communautés des temps préchrétiens ont utilisé des collines dans leurs environs comme lieux sacrés. Nous y trouvons souvent encore des traces énergétiques (4.4.1). Beaucoup de ces endroits n'ont ni cercles ni grilles d'énergie mais seulement ce surélèvement naturel. D'autres ont des croisements de la grille No 3 du néolithique.

3.6.3. Les grilles énergétiques des lieux sacrés

Dans la liste de l'appendice nous voyons que tous les lieux avec des cercles de Trônes ont aussi leur grille énergétique. Il existe de nombreux lieux avec une église placée sur un croisement d'une grille énergétique sans cependant avoir de cercles de Trônes. Ces grilles sont des créations de la Déesse de la terre ainsi que des reines des Dévas. Nous pouvons nous demander pourquoi il y a de nombreuses cathédrales et églises situées sur des croisements de grilles sans avoir de cercles de Trônes ? Peut-être que cela s'explique par la hiérarchie des lieux sacrés. Il y en a des plus ou moins importants. Puis il y a bien des constructeurs d'édifices qui n'ont pas su tirer profit de ce savoir énergétique. Egalement, il fallait avoir des édifices religieux dans nos villes et villages, donc accessibles au quotidien. Bien qu'il y ait eu des villes construites autour d'un lieu sacré, c'est loin d'être le cas pour tous. Les lieux de pèlerinage étant souvent des lieux sacrés où il fallait se rendre en faisant un voyage.

3.6.4. Les 4 reines : Sophia, La Reine Noire, St. Bridget, Kali

Il y a quelques années de ça j'ai commencé à explorer un lieu à quatre cercles créé par des Trônes. Une des premières choses que j'y ai découvert était quatre endroits, tous à 30 m du centre. Tous sont sur un rayon d'énergie qui part du centre vers les quatre directions. Chaque endroit sur terre semble avoir ses quatre lignes énergétiques qui partent vers les quatre points cardinaux. J'ai découvert par la suite que c'étaient les quatre endroits à partir desquels il est possible d'activer un lieu. Ce sont donc quatre points essentiels à un lieu sacré. Je les ai nommés les points des quatre reines.

L'autre jour je m'y suis rendu à nouveau et j'ai demandé comme d'habitude si tous les êtres invisibles allaient bien. On me dit que „Non". J'ai demandé alors si je pouvais faire quelque chose : „Oui". Je leur ai demandé s'ils pouvaient me conduire jusqu'à l'être le plus proche qui avait besoin de mes services. Ils m'ont alors guidé vers le point sud des quatre endroits. J'avais donné à ce point le nom de point Sophia et l'être qui s'y trouve 'Sophia' ou 'la reine blanche'. Après lui avoir posé quelques questions, afin de déterminer ce que je pouvais faire pour eux, elle me dit qu'elle, ainsi que les trois autres reines, souhaitaient que je les inclue dans ce livre. Elles voulaient y expliquer leurs fonctions car cela était utile aux humains qui se rendaient sur des lieux de Trônes.

- **Sophia**, le sud, pleine lune, l'été : expérience, sagesse, tradition, observer sans idées préconçues
- **La Reine Noire**, le nord, nouvelle lune, l'hiver : se libérer des impressions sensorielles et de concepts issus de la dimension temporelle, de nos habitudes ainsi que de notre mémoire intellectuelle
- **Sainte Brigitte** (St. Bridget des Irlandais et de la tradition celtique), l'ouest, le quart de lune croissant : célébrer, s'émerveiller du printemps, saluer le nouveau, créativité jaillissante
- **Kali**, l'est, le quart de lune décroissant : destruction de l'ancien, automne, faire de la place pour le nouveau, lâcher prise, non attachement

Légende : Doline de 75 m de diamètre au-dessus de Sergeac. Lieux de la Vierge Noire à quatre cercles de Trônes et des quatre reines.

Les quatre reines sont quatre sous-aspects du féminin éternel. Ce lieu sacré, marqué par ces hauts anges des Trônes, est un lieu dédié à la Déesse de la Terre de tous les temps. Ceci n'est le cas que dans 8% des lieux de Trônes. Mais, étant donné qu'il y aurait la présence des quatre reines dans 2/3 des lieux de Trônes, chacun de nous devrait pouvoir trouver près de chez lui un lieu avec les quatre reines. Se rendre sur ces lieux peut nous aider à améliorer notre compréhension des quatre aspects du féminin. Mais qui donc me répondait au nom de Sophia ? „C'est moi, Sophia. Nous sommes les quatre reines représentant les quatre sous-aspects de la Déesse de la Terre. Chacune de nous est un esprit à part entière. Posez nous des questions et nous vous guiderons."

Les lieux sacrés créés par l'être humain
Lorsque nous créons des édifices de culte hors des structures énergétiques 'divines', ces endroits devront faire sans l'apport d'énergie naturelle. Des rituels ainsi qu'une utilisation du lieu d'une manière hautement spirituelle vont alors à eux seuls créer son potentiel énergétique. Il peut s'agir de lieux dans la nature, d'églises ou temples de toute sorte et de toute religion. Mes observations ne sont en aucun cas l'aune de toute chose. Voici trois types de lieux créés par les humains.

Lieux de **catégorie 3** : créé par des humains sans aucune structure énergétique préalable (sans cercles de Trônes ni croisement d'une grille). Sur la photo nous voyons la grande installation de stoupas du Bouddhisme Tibétain au-dessus de St. Léon sur Vézère. Le lieu n'est ni placé, ni orienté selon des structures énergétiques préalables. Cependant nous pouvons y observer trois cercles concentriques qui semblent provenir d'une activité humaine du type consécration et utilisation rituelle.

Daniel Perret – Guérir la Terre

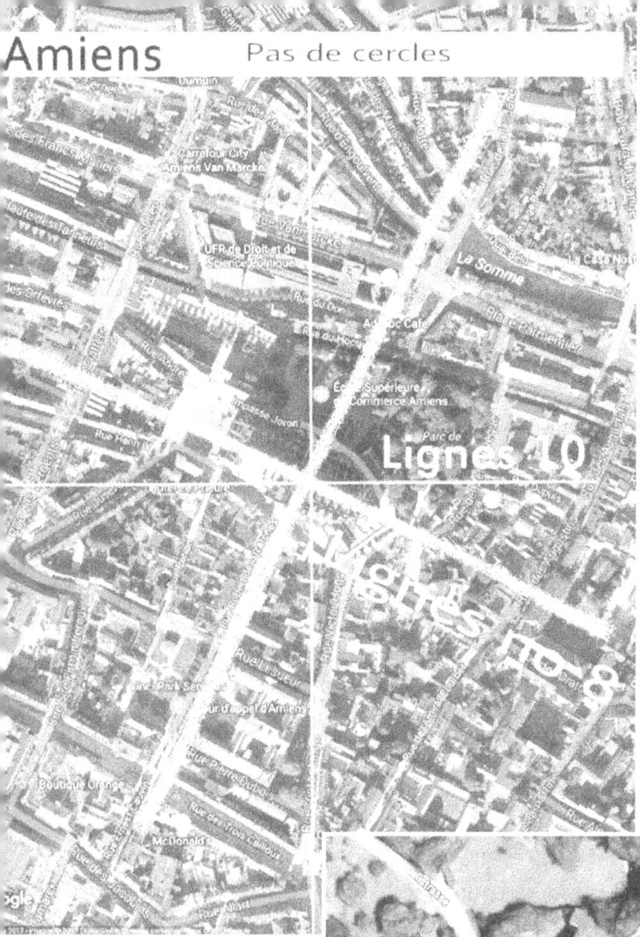

Amiens — Pas de cercles

147

Catégorie 4
Lieux créés par des humains placés sur un croisement de lignes d'une grille, mais sans cercles concentriques (ni avant, ni après). Photo : cathédrale d'Amiens

Catégorie 5
Lieux créés par des humains sans structures énergétiques ni avant, ni après construction. Photo : église de Hilterfingen

en Suisse. Elle n'est ni placée ni orientée énergétiquement. J'y mesure 24'000 unités Bovis ce qui n'est pas beaucoup.

Daniel Perret – Guérir la Terre

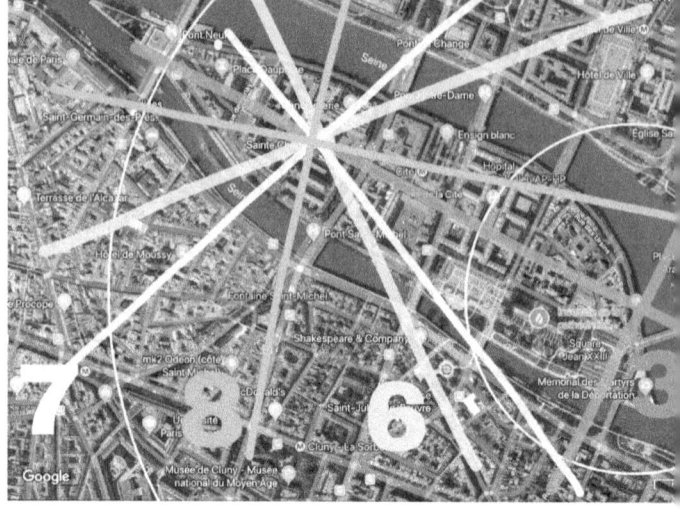

L'incendie de la cathédrale Notre Dame de Paris de 2019 m'a fait découvrir les trois lieux sacrés que l'île de la Cité héberge : le Ier se trouve 50 m au nord du Pont Saint Louis (No 3), datant du néolithique et a abrité pendant un temps un temple du culte d'Isis et de la Vierge Noire ; le 2ème à l'emplacement de Notre Dame est entièrement créé par l'homme à partir de l'an 160 (petit point rouge) ; le 3ème, nous montre trois croisements de grilles : No 6 'âge de bronze', No 7 'an mil' et grille No 8 'des cathédrales' se trouvent à la Sainte Chapelle qui abrite aussi l'emplacement de l'ange ou l'esprit de la ville de Paris. Le lieu No 3 (rouge) a quatre cercles concentriques de Trônes dont on voit les deux premiers sur la photo. Ses deux autres cercles se trouvent à une distance de 23 km puis 200 km et désignent un lieu sacré de premier ordre. Ce sont probablement les caprices de la Seine qui ont obligé son déplacement. La cathédrale est bien orientée mais pas placée selon la grille 3. L'incendie de 2019 a provoqué un ressaisissement dans la perception de la destinée spirituelle de la France, montant de 45% à 83% à la suite de l'élan de solidarité. (voir aussi p. 77).

Les dernières hypothèses archéologiques estiment que pas moins de quatre édifices religieux différents se sont succédé sous l'actuelle cathédrale, tous construits sur le même emplacement de l'île de la Cité. Une église paléochrétienne du IVe siècle, une basilique mérovingienne, une cathédrale carolingienne et une romane, qui fut démolie au fur et à mesure de la construction de la cathédrale actuelle, les pierres sacrées étant parfois retaillées ou utilisées pour les fondations. (Marc Fourny dans Le Point 16.4.19). On n'a pas trouvé de traces archéologiques sur l'île de la Cité datant d'avant l'ère romaine de Paris, ce qui m'étonne un peu.

3.7. Les autres mondes parallèles

L'influence des autres mondes parallèles sur notre monde physique a été peu explorée. En font partie : les esprits de tout genre, les êtres du monde magique, ceux du monde mythologique, les extraterrestres, les esprits des machines, du son et des instruments de musique ainsi que le monde des forces contraires. C insiste sur le fait que les insectes font aussi partie d'un autre monde parallèle encore peu exploré.

3.7.1. C'est quoi au juste un esprit ?

Un esprit est un être immatériel fait d'énergies subtiles et doté d'une conscience. Nous ferions bien de nous rappeler qu'il existe bien davantage d'esprits que d'êtres physiques comme nous humains ou d'animaux et d'insectes. En plus des anges et des esprits de la nature, dans le sens large du terme, il existe un grand nombre d'esprits que nous pouvons diviser entre les êtres de lumière et les êtres non respectueux de notre libre arbitre. Je nomme ces derniers 'forces contraires'.

3.7.2. Les esprits des formes

Les formes que nous trouvons dans la nature ont été créées par les 'Puissances / Exusiai' de la sphère 14. Ils font partie de la hiérarchie des anges. On les nomme aussi les esprits des formes. Ils ont, si je comprends bien, dessiné tous les plans de plantes, fleurs, arbres, animaux, insectes, oiseaux, des humains, etc. Ils avaient reçu l'impulsion pour faire cela de la sphère 21, les êtres de la Trinité. Le processus créateur étant généré par l'interaction entre le Créateur et la matrice de la Déesse de la Terre.

3.7.3. Les êtres du monde magique

Lorsque je perçois une colonne d'énergie je cherche toujours à comprendre de quoi ou de qui il s'agit. Je commence par poser mes questions comme : est-ce un être ? Si oui, est-ce un être de la hiérarchie angélique ? Si non : est-ce un esprit de la nature ? Si la réponse est toujours 'non', je continue de chercher. Lors de ma première rencontre avec ces êtres du monde magique je suis petit à petit arrivé à les cerner avec mes questions. Pour finir j'ai dû me rendre à l'évidence qu'il s'agissait bien d'un être du monde magique que je venais de rencontrer ce jour-là. Donc j'ai commencé à déterminer qui faisait partie de ce monde magique et combien d'êtres différents il y avait etc. Dans mon livre 'L'Accès aux Mondes invisibles' je décris mes rencontres avec les huit êtres du monde magique. Deux d'entre eux ont eu la gentillesse de m'accorder de brèves interviews.

Voici ma rencontre avec **le bon magicien** :

Je vais souvent faire le tour de ces petits étangs près de chez nous. Le lieu abrite un sanctuaire pour oiseaux remarquable. Ces étangs sont entourés de collines boisées. Sur l'une de ses berges il y a un petit bois que je nomme magique. Les arbres y sont différents, les sous-bois aussi et la lumière. Maintes fois j'y ai rencontré une formation d'énergie, une petite colonne de taille humaine. Chaque fois que j'y passe elle semble être à un endroit différent, mais toujours du côté sud de ce petit bois. J'ai finalement demandé de qui ou de quoi il s'agissait. Ce n'était personne que j'avais rencontré auparavant. Je compris qu'il s'agissait d'un des huit êtres du monde magique : le bon magicien. Je me l'imagine avec son grand chapeau pointu un peu comme Gandalf. Il aime ça. Je lui dis bonjour à chaque fois que je passe et lui demande s'il va bien et si je peux faire quelque chose pour lui. La plupart du temps notre conversation s'arrête là, car d'habitude je ne peux rien faire pour lui et il me répond toujours qu'il va bien.

Hier c'était différent. Il était plus près de l'eau et m'attendait tranquillement là-bas au soleil. Il me confirma qu'il allait bien mais que oui, je pouvais faire quelque chose pour lui. Comme d'habitude je passais en revue une liste de questions en oui et non afin de trouver ce que je pouvais faire pour lui. Pendant de longues minutes je n'arrivais pas à trouver de quoi il s'agissait. Puis je me suis souvenu que je l'avais déjà vu à un autre endroit, en bas dans notre petit vallon, en compagnie des sept autres êtres de la dimension magique : la licorne, le cerf de cristal, le grand hibou, l'être de lumière, la fée blanche, le gobelin et bien sûr maître dragon.

Je demandai alors au magicien s'il pouvait être à différents lieux au même moment ? Oui, bien sûr, il pouvait très bien. Il me dit qu'il apparaissait dans ces deux lieux quand il savait que j'allais passer. Je voulus savoir alors combien de lieux magiques existaient en Dordogne dans lesquels il pouvait apparaitre ? Il y en avait environ une centaine et environ 9'000 dans toute la France. Ce qui fait qu'il y a une centaine de lieux magiques dans à peu près chaque département français.

Ces endroits sont des 'lieux magiques' à cause de leur beauté particulière et de leur atmosphère. Ils fonctionnent comme des portes vers le monde magique. C'est dans ces quelques lieux que les deux mondes peuvent plus facilement se rencontrer. Le sentiment magique que ces huit êtres nous apportent semble provenir directement du Saint Esprit, si je le comprends bien. Ces êtres apportent avec eux un parfum particulier qui nous incite à nous souvenir de la magie de la Création. Ce parfum nous transforme pour un moment et nous relie à quelque chose de profond et de merveilleux.

Chacun des huit êtres du monde magique a sa particularité et son territoire. Le **grand hibou** *par exemple nous apporte le lien avec le grand large et les mystères de la nuit, la* **licorne** *avec le silence et la pureté, le* **bon magicien** *nous montre des manipulations inconnues qui peuvent être faites à l'aide de l'énergie et de ce fait nous apparaissent comme étant magiques. Ainsi il s'était dédoublé récemment en 13 personnages qui étaient alignés au bord du chemin comme s'ils étaient 13 magiciens comme lui. Il m'observa de loin pour voir si j'allais découvrir son tour de magie. La* **bonne fée blanche** *nous apporte des moments magiques et des surprises aussi agréables qu'inattendues. Le* **cerf de cristal** *nous guide vers notre intuition ainsi que la lumière christique.* **L'être de lumière** *nous ouvre le chemin vers la lumière divine.* **Le gobelin***, lui, teste les angles morts de notre subconscient en jouant avec nos soi-disant certitudes. Il représente la vivacité et les surprises des tours de passe-passe. Walt Disney ainsi que bien des auteurs de contes de fées le savaient. Ils aident afin que ces aspects précieux de la Création ne sombrent pas totalement dans l'oubli. Que serait notre vie sans ces moments et lieux magiques ? Nous devons les redécouvrir et protéger. Dans mon livre précédent il y a l'interview avec* **maître dragon***.* [7]

3.7.4. Les êtres du monde mythologique

Chaque contrée du monde a ses propres êtres de la mythologie locale. Ainsi il est probablement trop simplifié de dire p.ex. que Pan existe partout. Les êtres de la mythologie grecque sont vraisemblablement liés à leur territoire tout comme les êtres des mythologies nordiques ou irlandaises. Quelques exemples : géants, petites Elfes, grands Elfes, trolls, Pan, centaures.

Les **petites elfes** mesurent environ 10 cm et créent des ambiances dans des lieux particuliers. Elles y dansent p.ex. dans un rayon de soleil près du sol. J'ai observé des buissons à elfes ayant un champ éthérique qui s'étend jusqu'à 14 m.

Les **grands elfes** (Sidh en anglais) sont beaucoup plus rares. Ils mesurent vers les 3.5 m et nous apportent la beauté, la noblesse, le courage, l'espoir et la fraternité. Ils me disent qu'ils sont trois en Dordogne et n'ont pas de lieu d'habitation particulier. Ils s'occupent de questions de justice, du juste rapport entre les mondes et leurs divers êtres. Ils sont en fait les gardiens de l'harmonie entre les êtres invisibles, Cela concerne uniquement les Dévas, Dagdas, élémentaux, les animaux, les êtres magiques et les êtres mythologiques, mais pas les insectes ni les êtres angéliques. Ils sont des médiateurs en cas de conflits ou de manque de clarté par rapport aux rôles de chacun. Ils sont juges et conseillers ayant toujours beaucoup à faire.

En février 2018 **un géant** a pris contact avec moi durant des soins à distance. Il habite une grotte peinte près de chez nous. Il me dit qu'il y habite déjà depuis des millénaires et que les sangliers étaient ses meilleurs amis. Son problème est que 'sa grotte' est devenue une attraction touristique et que son couloir à lui vient récemment d'être intégré au parcours touristique. Comme toujours ce genre de contact est inattendu. Apparemment notre brève conversation l'a aidé du fait de pouvoir en parler à quelqu'un, même si dans ce cas précis je n'ai pas pu faire autre chose pour lui. Un an plus tard j'ai eu un bref contact avec lui dans un rêve. Il me montrait sa 'pièce', très haut de plafond, où il habitait et le côté où il y avait cette activité touristique, pour lui de type Disneyland, et dont il ne pensait pas beaucoup de bien.

3.7.5. Les insectes
C insiste à dire que les insectes ont bien un côté physique avec des aspects astraux, mais qu'une autre partie d'eux vit dans un monde parallèle dans une autre dimension. Ils

auraient là-bas une intelligence et d'autres tâches que nous ne pouvons pas nous imaginer. Dans notre monde ils sont des êtres relativement petits, mais dans cet autre monde ils seraient beaucoup plus grands. Dans cette dimension il n'y aurait ni humains ni animaux. Je dois accepter ce qu'ils me disent, sans pouvoir vraiment le comprendre.

3.7.6. **Le monde des âmes humaines non-incarnées**
C'est ce que nous nommons souvent "l'au-delà". Ceci est le monde parallèle où toutes les âmes humaines résident entre deux incarnations sur terre. C'est un monde complexe dédié à l'évolution des âmes. Le livre de Michael Newton 'Souvenirs de l'au-delà' donne un excellent aperçu de cette dimension.[11]

3.7.7. **Les extraterrestres** ou êtres galactiques
Je suis bien conscient que le sujet des extraterrestres dépasse beaucoup de gens qui ne cherchent pas à en comprendre davantage. J'ai écrit sur mes expériences avec les êtres de Pégase, rappelant au passage que l'un d'entre eux fait partie des 12 membres permanents de C. Il m'est possible de sentir la présence de leurs vaisseaux au niveau énergétique. J'ai aussi eu des rêves lucides à leur égard ainsi que quelques expériences en méditation où je les ai vus. Mon amie Eva Høffding, de l'Ignatius Healing Center au Danemark, a canalisé un de leur impressionnant message lorsque j'avais un jour partagé mon rêve avec ces êtres. [6, 7] Je parle de ces êtres car je suis convaincu qu'il ont des technologies et du savoir pour protéger et contribuer à la guérison de la terre. Bien évidemment il faut savoir faire la différence entre les êtres respectueux et les êtres intrusifs.

Début 2018 j'ai pu pour la première fois observer que les vaisseaux dans notre voisinage étaient absents durant quelques jours. Leur absence semblait coïncider avec les périodes de tensions aigües entre la Corée du Nord et les Etats-Unis. Les deux chefs d'état pensaient devoir s'insulter et se menacer avec une guerre atomique. Chaque fois que la rhétorique se calmait un peu, les vaisseaux des êtres de Pégase étaient à nouveau ici. L'observation de différences, comme ici la présence et l'absence d'un phénomène énergétique, aiguise nos observations. Je leur ai demandé s'il était exact qu'ils se rendaient dans la région afin d'exercer une influence calmante sur les esprits des protagonistes. Ils me l'ont tout de suite confirmé. Leurs actions peuvent être décrites comme étant des méditations de paix. Ces êtres sont également actifs autour des centrales atomiques avariées ou les effets d'essais nucléaires afin de garder sous contrôle l'ampleur de ces dangers. Ils ont de nouveau été absents en Mai 2019 à cause de la tension aigüe entre les Etats-Unis et l'Iran autour de la question du nucléaire.

Même si en tant qu'êtres de lumière ils respectent généralement notre libre arbitre, cela a des limites lorsque l'avenir de notre planète est en jeu. En même temps ils ne peuvent pas toujours intervenir. Il y aurait alors le danger que nous nous habituions à ce qu'il y ait toujours quelqu'un d'invisible qui répare les dégâts que nous avons fait. Les êtres humains risqueraient ainsi de ne jamais apprendre.

3.7.8. D'autres mondes
Même si je ne doute pas de l'existence d'autres mondes, je tire mes réflexions dans ce paragraphe du livre excellent de Michael Newton dans lequel ses patients racontent sous hypnose ce qu'ils ont vécu pendant le temps entre deux vies terrestres. [11] Je trouve important, malgré la brièveté de ces lignes, que nous nous rendions compte des limites de notre pensée habituelle.

Newton donne des aperçus d'autres mondes comme celui

de la régénération pure, dans lequel les âmes humaines n'ont rien d'autre à faire que de jouir d'un temps de récréation sans soucis. Il relate aussi ce monde où les âmes sont assistées afin de s'exercer à créer de la vie physique, au niveau cellulaire, rien qu'avec leurs efforts mentaux. [11]

3.7.9. Esprits de machines, du son et instruments de musique

Je ne sais pas grand-chose sur ces êtres sauf qu'ils existent. En tant que musicien cela fait des années que je suis conscient de la présence d'un être près de chacune de mes harpes. Je les perçois, comme d'habitude, en tant que colonnes d'énergie à côté de l'instrument. Les harpes ont chacune un esprit du son qui est lié à l'archange Raphaël et à sa mission en tant que patron des guérisseurs. Ces esprits ont été attribués aux harpes par Raphaël lors de leur construction. Cela semble être le cas pour toutes les harpes.

Ces esprits peuvent être comparés à un **esprit de maison**. Tous deux s'occupent d'une unité matérielle. Notre esprit de maison me dit à l'instant qu'il est conseillé par un élémental qu'il nomme "du 6ème type". Celui-ci aurait les fonctions réunies des cinq autres élémentaux mais formant un seul être. Car lui, en tant qu'esprit de la maison, ne s'occupait pas uniquement d'un élément et de ses élémentaux mais de tous les cinq : *terre, eau, feu, air* et *espace*. Mon esprit de maison se sent appartenant aux esprits des matériaux. Parmi eux il y aurait les esprits des machines comme p.ex. des ordinateurs, des voitures ou des machines industrielles. Les tâches de l'esprit d'une maison sont entre autres : diriger la myriade de petits esprits de la nature œuvrant dans une maison, garder un œil sur différents équilibres (humidité, microorganismes, petits rongeurs, insectes), gérer les tensions dans les matériaux (poutres, sols, etc.). Il a souvent son point d'ancrage au milieu de la maison.

Les **esprits du son**, qui sont attribués à un instrument de musique, jouent également un rôle dans la transmission d'inspirations musicales. Tandis que les harpes sont en lien avec Raphaël et la guérison, les autres esprits des instruments sont soumis à l'archange Sandalphon. Ses thèmes à lui sont le son, la prière et la planète terre. Mon gong à bosse balinais a un esprit du son qui est également lié à Sandalphon. Les **esprits de la langue parlée et du chant** semblent être attribués à l'archange Gabriel, qui lui s'occupe des thèmes de la créativité et de la transmission de bonnes nouvelles.

Mon bol en cristal transparent a un esprit du son particulier qui lui est attaché. Dans une vie antérieure cet esprit était apparemment incarné en tant que nonne au moyen-âge s'intéressant déjà à l'époque particulièrement aux sons. Elle m'a aidé à choisir le bol et lui reste fidèle depuis. Elle est fascinée par

notre travail thérapeutique avec les sons et le fait que nous puissions créer de nouveaux types d'instruments à cet effet comme le monocorde, le lit harmonique, les instruments en cristal, etc. Je mentionne ces êtres afin que nous leur donnions une place dans notre conscience et que nous les acceptions comme partenaires dans notre travail avec les sons. Ils ont souvent une grande expérience avec les sons et un savoir en ce qui concerne les dimensions subtiles. Leur chef est le 'maître des sons' de la sphère 8. Ce sont des êtres non sensibles mais conscients.

Photo : Voici une spirale que nous accrochons dans le vent. Elle a un esprit du vent qui lui est attribué.

Ils font partie d'une hiérarchie à eux. Ceux associés aux sons sont donc en même temps liés aux anges mentionnés.

3.7.10. Les Mondes des forces contraires

L'évolution, comme elle fonctionne pour le moment, semble avoir besoin d'obstacles sous la forme de souffrances et de forces contraires. Ceux-ci réveillent nos forces positives de guérison. J'ai écrit sur ce sujet plus longuement dans mes livres de la série 'Science de la Guérison Spirituelle'. [6] Dans quelle mesure ces êtres des forces contraires éprouvent eux-mêmes de la souffrance est difficile à savoir. C me dit que certains parmi eux sont des êtres sensibles, d'autres non. Je suis cependant convaincu qu'ils ont leur fonction divine dans l'univers.

Lors de l'exploration de l'auragramme d'une personne mes guides me montrent toujours combien nous pouvons parfois avoir un point d'attirance pour ces êtres qui ne respectent pas notre libre arbitre. Ils semblent avoir un rôle comparable 'à une pierre dans notre soulier', qui nous rappelle à chaque pas que nous sommes ici pour développer telle ou telle qualité spirituelle comme la patience, la générosité, l'acceptation de nous-mêmes.

Il existe aussi des élémentaux qui se sentent tellement négligés et non respectés par les humains qu'il ne leur reste pas d'autre possibilité que d'agir contre nous. Ils essayent ainsi de nous alerter à leur état afin que nous remédiions à cette injustice et disharmonie. Même si, durant ce temps, ils apparaissent agir comme des forces contraires, ceci n'est pas dans leur vraie nature. Marco Pogacnik relate dans un de ses livres comment des élémentaux avaient été gravement perturbés par les déplacements de terre sur un chantier et comment ils se sont fait remarquer par des comportements irritants. Dans le chapitre 2.3. et 5.2.5. je mentionne quelques exemples de ce genre.

Chapitre 4

Peace is every Step – la paix est faite de chacun de nos pas
                                                          Tich Nat Han

Terre sacrée - lieux sacrés

4.1. Régénérer la Terre et se régénérer soi-même

Si nous voulons contribuer à une guérison de la terre, nous devons vraisemblablement commencer par une meilleure connaissance de nous-mêmes. C'est comme cela que nous pouvons mieux comprendre les liens et disharmonies en nous et autour de nous. Quelqu'un par exemple qui est continuellement envahi par de la colère ou des dépressions, ne peut pas vraiment contribuer à grand-chose pour restaurer de l'harmonie autour de lui.

Je propose d'utiliser le terme 'guérir' d'une manière synonyme à 'rétablir une harmonie et une cohabitation respectueuse entre tous les êtres sensibles d'un système'.

4.1.1. Les cinq éléments et leurs zones de notre corps

Dans mon travail de soins à distance avec les grands élémentaux j'ai fini par comprendre combien notre travail intérieur sur les cinq éléments avait des effets immédiats sur ces mêmes éléments dans notre environnement. C me le confirme.

Notre maître Bob Moore nous a enseigné durant vingt ans ce qui suit :

Le centre énergétique ou chakra du plexus solaire se trouve dans la zone *feu* de notre corps. Lorsque nous travaillons à l'harmonisation de notre élément *feu* nous travaillons en même temps à la transformation de ce chakra du plexus solaire avec ses deux pôles : nous transformons alors l'énergie de la peur pour en faire une énergie de

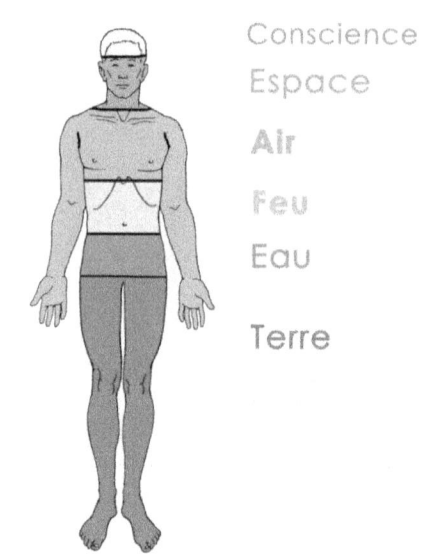

l'amour et de la compréhension. La peur, et la cupidité qui en découle, sont contagieuses, mais son opposé, l'amour l'est également.

Ainsi, et grâce à l'échange continuel d'énergie entre les êtres humains, nous avons un effet immédiat sur les **chakras du plexus solaire** des gens que nous rencontrons. Si nous sommes assis sur beaucoup de peurs, cette peur se répand comme un feu de brousse autour de nous. Lorsque nous avons vaincu en grande partie ces peurs nous rayonnons plus de douceur et de chaleur humaine. Dans son effet de multiplication nous contribuons ainsi à une **transformation tant nécessaire de l'élément feu** dans notre société et son utilisation excessive d'armes à *feu*, des kamikazes à ceintures d'explosifs, du nucléaire, etc. Nous pensons souvent être impuissants face à cet usage excessif du feu. Je pense au contraire que notre contribution individuelle est un élément indispensable constituant une nouvelle conscience autour de cet élément du *feu*. De façon analogue : lorsque nous déplorons l'état de pollution de nos rivières, de nos lacs ou de nos océans souvenons-nous que notre travail de transformation sur notre propre **hara, notre zone *eau***, est un moyen non négligeable de contribuer à une prise de conscience pour améliorer la situation. Car quelqu'un avec un bon rapport à son hara est en paix avec l'intelligence instinctive, l'intelligence de la nature et donc de l'élément eau. Nous serions alors bien plus attentifs à otre possibilité de contribuer à l'amélioration du rapport des humains autour de nous, dans notre communauté, ainsi qu'à notre influence sur la qualité de l'eau.

De même en ce qui concerne **la pollution de l'*air***. Travailler sur **notre énergie du cœur** et les trois chakras du bas qui l'alimentent, agit sur la qualité de l'élément *air* et sur la compassion ainsi que sur notre lien avec la dimension divine.

Entreprendre le voyage vers une **prise de terre profonde** nous mène à aimer notre terre, nous rapproche de l'énergie et la sagesse de la Déesse de la Terre.

Guérir la terre passe par une prise de conscience globale et une action locale, voir individuelle. Nous ne pouvons pas nous contenter de repousser l'initiative vers les gouvernements, qu'il s'agisse de l'Union Européenne, le niveau national ou local. Il faut une réflexion et une action commune. J'en suis convaincu. Nous pourrions penser que ce niveau individuel n'est qu'une goutte dans l'océan. Cependant, l'océan est fait de gouttes. Ceci n'est qu'un des niveaux de réflexion. J'en présenterai d'autres dans les chapitres suivants. Je pense qu'une attitude active de notre part nous évite la déprime et la frustration et peut aussi avoir un réel impact.

4.1.2. La transformation des trois chakras du bas du corps

Les trois chakras du bas du corps contiennent l'énergie qui, une fois transformée dans la région *feu* (plexus solaire), est acheminée vers le chakra du cœur. C'est là qu'elle devient compassion et joie. Sans l'énergie des trois chakras du bas l'énergie de notre cœur reste faible et ennuyante : notre spiritualité resterait au niveau d'une idée théorique et pas vécue. Ce processus de transformation est décrit en détails dans plusieurs de mes livres. [4, 5, 6]

Dans le cadre de ce livre-ci je voulais simplement rendre attentif aux thèmes des trois chakras du bas. Ces thèmes restent généralement confinés dans notre subconscient. Pour un réel travail de guérison leur transformation consciente est cependant indispensable.

Ainsi les thèmes dont nous devons nous saisir sont : sentiments d'insécurité, manque de succès, vulnérabilité, frustrations sous-jacentes, colère, peurs de tout genre, sentiments d'infériorité/supériorité, mélancolie et dépression, sexualité, vitalité et joie de vivre. Chacun des trois chakras du bas contient son pôle opposé. La possibilité de transformation d'un pôle vers l'autre est en même temps la définition de ce qu'est un chakra majeur.

Chakra racine :   de l'insécurité vers
                   la sécurité, la simplicité et le naturel
Chakra du hara :   de la colère et la frustration vers
                   l'harmonie et le calme
Plexus solaire :   de la peur et la cupidité vers
                   l'amour et la compréhension

4.1.3. **Reliance avec la Terre Mère - l'ancrage profond**

Une transformation réussie des trois chakras du bas nous ouvre l'accès vers ce qui se trouve sous nos pieds : la région de la Vierge Noire. Ce processus nous amène un contact profond et chaleureux avec la terre-mère. L'ancrage profond dans les points énergétiques sous nos pieds nécessite que nous nous rendions également compte des tensions et ressentis subtils dans nos jambes, nos chevilles, dans la région du bassin, du sacrum et du coccyx (voir aussi chapitre 2.3.). L'ancrage profond est en soi un long voyage d'exploration qui demande à être vécu et qui commence avec une acceptation de nous-mêmes. Les descriptions qui vont suivre devront de ce fait rester sommaires :

- **Point d'ancrage éthérique**

Lorsque nous cherchons à obtenir un bon contact avec la terre, cela se fait en cherchant un contact ressenti avec ce point en-dessous de nos pieds. Nous pouvons le chercher en imaginant avoir des racines qui poussent depuis nos pieds vers un endroit qui se trouve environ 50 cm sous la surface du sol. C'est ici que notre champ éthérique s'arrête sous nos pieds.

- **Point d'incarnation**

Etant donné que nos enveloppes énergétiques sont tri dimensionnelles, nous retrouvons notre aura spirituelle aussi sous nos pieds. Le point d'incarnation est le pendant du point d'individualité qui se trouve au-dessus de notre tête. (voir illustration p. 41). Plus nous arrivons à prendre contact consciemment avec la terre et les dimensions sous nos pieds, plus notre ancrage devient profond. Ce qui entraine automatiquement une profonde acceptation de toutes les circonstances et les fondations de notre vie, avec les résidus de nos incarnations précédentes, et finalement de la source divine sans conditions.

- **Point de la Vierge Noire**

Lors du voyage conscient vers ces zones du grand subconscient, le point de la Vierge Noire est le portail vers les dimensions profondes et collectives de notre âme. Nous pénétrons alors dans la partie divine de la couche de notre âme intemporelle, une zone où il n'y a plus de pensées. [16] L'absence de pensées nous permet alors l'ouverture vers ces espaces. La Vierge Noire représente le 'noir vierge', l'immaculée conception (la Vierge Marie ayant été une de ses incarnations). Elle est la matrice et le sein de la Création. C'est là que se trouve l'origine du potentiel créatif de l'univers. La Vierge Noire y reçoit toutes les impulsions de lumière qui y engendrent alors de nouvelles créations.
(voir chapitre 4.6.)

- **Point de conscience christique**

C'est avec l'accord de 'C' que je nomme ce point ainsi. De nouveau ce point correspond à un espace où nous quittons le domaine de notre âme individuelle pour entrer dans un espace ou niveau de conscience planétaire et universel. Dans ma compréhension le Christ nous a montré le chemin lors de sa descente dans les profondeurs de la conscience de la Terre. Comme je l'ai mentionné sous 2.3. son exemple nous montre comment nous pouvons y faire descendre l'énergie universelle d'amour/lumière/vérité, que des êtres comme lui ont incarné, pouvant ainsi revitaliser la terre. Lors de ce processus ce qui était sombre et lugubre dans notre subconscient collectif est durablement transformé avec de la lumière.

Je sens comment la conscience christique ou cet état d'esprit nous attend à cette porte. Afin de pouvoir accéder à ce point nous devons-y apporter amour, compassion et joie et avoir préalablement passé par toutes les étapes de l'ancrage profond. Le voyage vers ces espaces est accompagné d'une acceptation inconditionnelle de nos incarnations terrestres et d'un mouvement de lâcher prise et de descente de notre énergie sans retenue. Vraisemblablement cela est un processus graduel et long. Je me rappelle du moment lorsque j'ai brièvement vu apparaître le visage de la Vierge Noire lors d'une méditation (voir page 174). Ce bref moment avait été précédé par une quarantaine d'années de méditation et de détachement de structures d'identification inutiles. Mais je ne suis probablement pas très rapide dans ce domaine.

4.2. Les mandalas énergétiques des lieux sacrés

Krindenhubel ob Sigriswil (Kanton Bern, Schweiz)

Depuis toujours les humains ont été à la recherche de lieux où ils pouvaient se sentir reliés avec le sacré et faire l'expérience de leur propre nature divine. La dimension divine semble avoir mis à notre disposition de tels endroits en créant des lieux saints, bien avant l'arrivée des humains. Même si nous pouvons avoir des définitions différentes d'un "lieu sacré", nous devons constater que certains endroits dans notre paysage possèdent des structures énergétiques propices à cette reliance avec la dimension divine. J'ai trouvé que nombreux lieux sacrés créés par la dimension divine, ont un mandala énergétique qui se compose de cercles concentriques et de croisements de lignes d'énergie avec des fréquences élevées.

La petite colline d'un culte néolithique Krindenhubel au-dessus de Sigriswil au bord du lac de Thoune en Suisse nous offre un très bel exemple. Sur la photo aérienne nous voyons les deux cercles concentriques intérieurs de Trônes ainsi que les deux croisements superposés des deux grilles 3 et 7. Comment se fait-il que les anciens aient attaché autant d'importance au choix de leurs lieux sacrés pour y orienter par la suite les édifices successifs selon des structures divines d'énergie ?

4.3. Le rôle des Trônes et de la Terre-Mère

J'ai mentionné dans le chapitre 3 les deux signatures énergétiques des cercles et des grilles d'énergie. La déesse de la Terre est, selon C, à l'origine des grilles d'énergie. Qu'au Krindenhubel nous trouvions deux croisements de grilles a de toute évidence aussi été mis en place par elle. Les deux structures d'énergie peuvent assez facilement être détectées sur une carte ou une vue aérienne, comme également sur le terrain, à l'aide de nos mains, d'un pendule ou du lobe-antenne Hartmann. Le cercle intérieur des Trônes se trouve à 8 km du centre, le deuxième à environ 17 km et le troisième à un peu plus de 50 km. Apparemment les Trônes voulaient rendre attentif à cet endroit déjà depuis une grande distance.

Comme nous l'avons vu, les grilles de la terre-mère donnent une structure qui apporte et distribue de l'énergie. Les cercles concentrent l'énergie et dirigent l'attention vers leur centre, vers l'essentiel. Un point de croisement de lignes d'une grille augmente le potentiel énergétique du lieu. Plus le rang de la grille est élevée, plus puissant sera son énergie (voire schéma p. 135). La superposition de plusieurs grilles augmente d'autant le potentiel énergétique du lieu. Dans les églises orientées le point de croisement se trouve devant l'autel. Lorsqu'il y a un transept, ce point se trouve au croisement exact de la ligne médiane de la nef et de celle du transept. Dans quelle mesure nous pouvons effectivement utiliser ce potentiel énergétique dépend de comment nous activons et utilisons le lieu (voir p. 183).

4.4. Les lieux sacrés d'hier et d'aujourd'hui

Toutes ces informations je les ai essentiellement de C. Toutes les grilles existent depuis la nuit des temps, sauf la 10. Ce sont les Trônes qui se sont chargés de rendre ces grilles accessibles en accord avec l'évolution et les taux vibratoires successifs de la terre. Sur la représentation du fil du temps page 123 nous pouvons nous rendre compte de l'importance da la transition de l'âge de pierre vers l'âge de bronze. Nous y voyons que le saut d'évolution a été si spectaculaire que les grilles 4 et 5 n'ont pas eu le temps d'être utilisées. L'élévation successive de la fréquence a fait qu'il y eut en peu de temps un passage de la grille 3 directement vers la grille 6.

C m'indique qu'en **France** 58% des églises et cathédrales sont construites sur des croisements de lignes de grilles. Les 42% restant ont apparemment suivi des considérations architecturales de leur ville ou village. 12% de tous les bâtiments religieux se trouvent sur une grille No 3, 28% sur la grille No 6, 11% sur la grille 7, 7% sur la grille 8 et 10% sur la grille No 10. Nous trouvons des chiffres comparables pour la Suisse, l'Allemagne, l'Autriche, la Belgique et le reste de l'Europe.

Ce serait une erreur de sous-estimer la sagesse des anciens et leur connaissance des énergies du paysage, à en juger par les traces physiques et énergétiques qu'ils en ont laissé ainsi que tous les peuples premiers nous le démontrent.

4.4.1.   Les collines de cultes du néolithique

Nous pourrions être tentés de penser que des collines utilisées au néolithique sont un peu loin de nos préoccupations. Elles font cependant partie de notre paysage et de son utilisation sacrée. Je vis dans la 'Vallée de l'Homme' entre Montignac-

Daniel Perret – Guérir la Terre

Lascaux et Les Eyzies et son Pôle 'Interprétation de la Préhistoire. Donc, pour nous ici, le néolithique fait partie de notre vie avec toutes les grottes peintes et les lieux archéologiques importants comme 'La Madeleine', 'Le Moustier'. Tous deux ont donné leur nom à des périodes entières de la préhistoire : magdalénien, moustérien. J'ai découvert une huitaine de collines dans les environs qui ont été utilisées comme lieux de culte au néolithique. Tout comme les nombreuses églises orientées en Périgord Noir, ces collines sont souvent placées sur un croisement de la grille no 3 du néolithique. De toute évidence les humains ont par la suite abandonné le haut des collines pour ériger des lieux de culte plus près des villages et des villes. (Voir tableau dans l'appendice pour la trentaine d'églises en Périgord orientées selon la grille no 6.)

La photo du haut (page précédente) représente la colline à côté de la Roque St. Christophe au Moustier. Celle du milieu est située près de la grotte de Bernifal ; c'est la vue depuis notre maison. Sur celle du bas nous avons une des deux collines qui se trouvent près de St. Cybranet et du château de Castelnaud. Les cercles sur cette carte sont purement d'ordre graphique et n'ont pas de réalité énergétique. Toutes les

collines sur la carte ont un lien énergétique, donc une ligne d'énergie perceptible, qui les relie au grand lieu sacré au-dessus de Sergeac (double cercle et ayant 4 cercles de Trônes).

Nous trouvons ce même type de ligne reliant des églises, des banques (photo : 4 banques à Montignac), etc. ce sont des connexions au niveau éthérique contenant les liens d'information et d'entre-aide entre ces lieux. Chaque sentier de vaches, de biches ou de renard laisse une trace perceptible dans l'éthérique, tout comme nos routes. Je pense que ces lignes permettent aux animaux de s'orienter plus facilement la nuit, un peu comme des rails éthériques.

4.4.2. L'orientation des églises en Dordogne

Cette orientation de beaucoup d'édifices religieux se retrouve un peu partout dans l'Europe de l'Ouest. Peut-être

que cette découverte n'a été possible que depuis que nous pouvons utiliser un instrument comme Google Maps sur nos tablettes (l'écran vertical d'un PC ne s'y prête pas). J'avais observé l'orientation d'églises dans notre voisinage selon les grilles 3 et 6. Plus j'en cherchais, plus j'en ai découvert. Dans le Périgord Noir j'ai ainsi trouvé une bonne quarantaine d'églises, cathédrales de Périgueux et de Sarlat incluses. Il était devenu évident que cela ne pouvait plus être le fait du hasard. Je rappelle que ces édifices ont tous été construits sur des édifices bien plus anciens, souvent sur plusieurs couches d'édifices, remontant éventuellement jusqu'à une rangée ou petit cercle de pierre ou cabane en bois n'ayant pas laissé de traces visibles.

4.4.2. L'orientation des églises en Bretagne

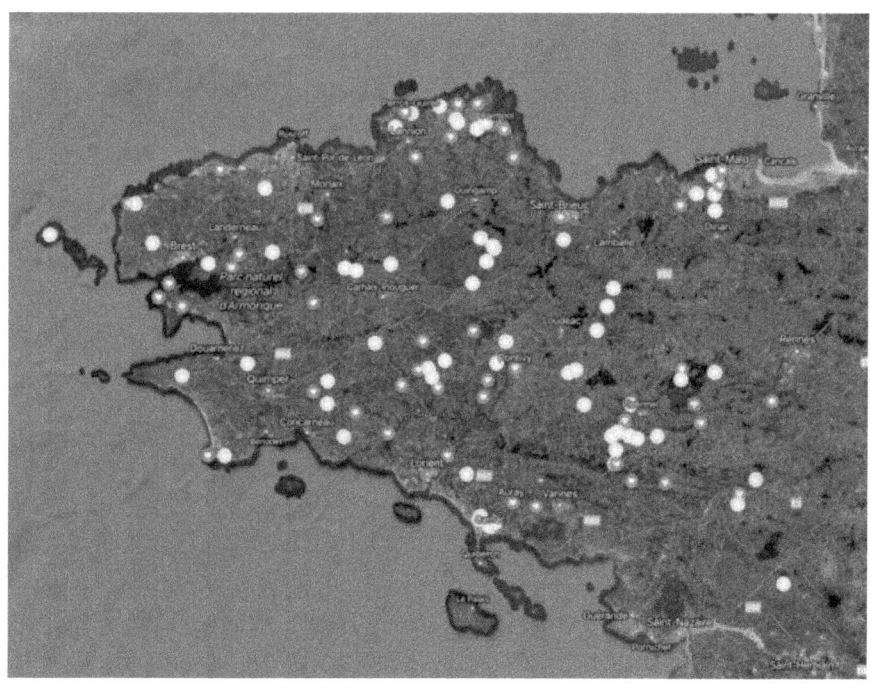

Ayant de la famille en Bretagne et y ayant passé beaucoup de mes vacances, je me suis intéressé aux églises bretonnes…. pour y constater le même phénomène. J'y ai compté non loin d'une centaine d'églises orientées selon les grilles 3 (points rouges) et 6 (points jaunes) sans avoir fait le tour de toutes les chapelles et églises.

4.5. L'héritage de Sitting Bull

J'ai beaucoup de respect pour la sagesse traditionnelle des peuples premiers. En ce qui me concerne je pense surtout à la culture tibétaine et celle des Indiens d'Amérique du Nord. Je suis convaincu qu'il y a eu cette sagesse partout dans le monde, même chez nous en Europe de l'Ouest. Sans elle les gens n'auraient tout simplement pas pu survivre. Nous vivons en Dordogne tout près de Lascaux et d'autres grottes peintes. L'histoire du savoir ancien, de faire partie de la dimension sacrée du paysage nous parle depuis ces parois peintes.

Je m'inquiète d'une mode récente de décrire ce lien spirituel avec la nature un peu vite comme chamanisme. Malheureusement il me semble observer trop souvent une imitation peut-être un peu légère, peu réfléchie de la sagesse et des rituels centenaires d'autres peuples.

Le médecin Jacques Mabit a publié en 2005 dans le magazine *Synodies "Le transpersonnel ?" Ed. Grett,* un article brillant avec le titre : „LE MALENTENDU NÉOCHAMANIQUE PEUT DEVENIR GIGANTESQUE". On le trouve facilement sur internet. Je ne vais donc en résumer que le principal.

« Chamanisme amazonien » / « stagiaires occidentaux ». La juxtaposition de ces deux termes aurait sans doute plongé nos ancêtres dans la perplexité. Ils nous sont devenus familiers. Or, selon un homme du terrain, notre tranquille assurance cache un malentendu dangereux. On ne franchit pas en sifflotant le gouffre millénaire séparant la modernité de la magie préhistorique ! …. Selon le docteur Mabit la rencontre entre chamanes et 'occidentaux' est souvent une illusion basée sur beaucoup de naïveté, une impatience infantile, des habitudes douillettes, une trop longue coupure d'avec la nature et le corps sauvages et, plus que tout peut-être, une ignorance crasse et généralisée de la dimension symbolique véritablement vécue (associée à une hypertrophie de l'ego) font de la rencontre entre Occidentaux et chamans un marché de dupe plus souvent qu'on ne le croit. Et comme l'objet du malentendu n'est rien d'autre que l'éveil de la conscience (!), l'illusion peut rapidement se transformer en terrifiant labyrinthe.

Notre développement du mental, l'environnement moderne dans lequel nous vivons et où nous avons grandi, a fait de nous des êtres humains bien différents de ceux habitant dans une société organisée selon des modes traditionnels et tribaux. Trop souvent nous avons la tendance de chercher des raccourcis pour notre développement émotionnel-spirituel là où il n'y en a pas mais seulement un travail de longue haleine et de manière conséquente, systématique et patiente sur nos structures internes. Il est trop facile de s'acheter un soi-disant tambour chamanique, de se coiffer d'un chapeau à bord large et de penser qu'avec quelques rituels nous aurions compris et traversé l'essentiel.

Une amie de longue date est allée étudier et filmer le travail de chamanes en Mongolie. Elle a entre autres remarqué la différence entre des chamanes masculins, souvent manipulateurs et à la recherche de pouvoir et de gain, et leurs collègues féminins généralement bien plus compatissantes.

Sitting Bull, Takanka Yotanka, était un très grand chamane, guérisseur et maître spirituel. Bien qu'on n'ait pas beaucoup écrit sur cet aspect, lui et d'autres grands maîtres des peuples premiers ont souvent contribué en méditation et sans beaucoup de paroles à l'harmonisation et la régénération de leur environnement, grands élémentaux de toute sorte inclus. Un grand cœur et une très longue expérience ont procuré à leurs méditations de guérison une portée insoupçonnée. Son âme peut encore de nos jours nous assister dans nos efforts.

En utilisant des termes chrétiens dans ce qui suit, je n'exclus pas d'autres croyances ou religions. Mais je ne m'y connais pas assez pour en nommer les termes équivalents, qui y existent partout dans le monde, j'en suis convaincu.

4.6. La Vierge Noire et Gaïa

La Vierge Noire est une énigme insondable, un mystère. Et malgré tout je vais essayer d'écrire sur elle car elle est la clé de la guérison de la terre et de tous ses êtres. Elle est la clé vers notre paix intérieure étant la simplicité, le naturel, la matrice, l'universel et la source même de la Création. La guérison de la terre ne peut se faire sans la rencontrer dans notre for intérieur. Elle est notre mère primordiale.

Elle m'accompagne depuis quelques années. Cela a débuté en septembre 2011 lorsque nous méditions pendant des heures dans un groupe de guérison. A vrai dire j'étais assistant de la directrice du stage et dans ce rôle j'aurais dû me sentir responsable pour tous les participants. Certains d'entre eux étaient venus avec de lourdes maladies. Lors de cette méditation là, je suis descendu dans une méditation sans pensées. Juste avant la fin de la méditation j'ai eu la réflexion : « Me voilà assis sur ma chaise sans penser même aux participants ! » A ce moment précis apparut un visage féminin à environ un mètre devant moi qui disait : « Maintenant tu es prêt à rentrer dans le mystère de la Vierge Noire. »

Par la suite j'ai réalisé que c'était précisément cette absence de pensées qui était une condition pour rentrer en contact avec elle. Le fait que mon amie Eva Høffding, de l'Ignatius Healing Center au Danemark, canalise ses paroles conférait à la Vierge Noire une dimension presque humaine. J'ai toujours eu des difficultés à sentir ou me représenter des esprits. De les

entendre parler et parfois même répondre à nos questions a été d'une immense aide pour moi. En même temps cela n'a fait qu'augmenter le mystère. Comment est-ce qu'un 'Archétype', la déesse de la terre, la mère de la Création pouvait-elle parler et s'adresser personnellement à un groupe ? Une partie de l'explication est que des êtres comme elle ou Ignace de Loyola peuvent être partout à la fois. Nous nous sommes habitués à ce que le pôle masculin, le Créateur, le Grand Esprit, l'être Divin ne nous parle pas ou alors très rarement. Mais que sa contre partie puisse parler normalement, penser et ressentir comme un être humain, cela ne dépasse certainement pas que moi. Et quand même c'est un fait, car les canalisations d'Eva sont d'une qualité exceptionnelle. Je connais Eva depuis 40 ans. Elle a étudié auprès du même maître Bob Moore que ma femme et moi.

"Je suis la Vierge Noire. Le noir est ma force silencieuse. Je travaille dans tous les recoins afin que tout puisse être vu en pleine lumière. La maternité connait un silence profond. Je suis la Mère. Je suis la mère de l'humanité. Dans mes entrailles se trouve une grande tranquillité. Je suis la nuit étoilée. Je suis le noir protecteur et le silence nourrisseur de la caverne. De moi toute vie surgit. Prenez la nourriture que je donne car celle-ci vous apporte paix de l'esprit et paix du cœur. Se fondre en moi est un pèlerinage. Laissez tout passer à travers vous. Laissez le tout se poser au fond de votre propre tranquillité noire, alors mon amour et mon mystère se déploieront en vous."

La Vierge Noire, ou le 'noir vierge', est la Déesse de la Terre de tous les temps, l'Isis de l'ancienne Egypte. Le terme '**Gaïa**' fait référence à l'élémental de la terre, mais 'Gaïa' contient un aspect d'égrégore, c.à.d. des projections humaines chargées d'émotions. C'est pourquoi C évite ce terme Gaïa qui a cependant le mérite, depuis sa création dans les années 70, de voir la terre comme un organisme vivant. Il existe un **esprit de la terre**, l'élémental de la terre, qui se trouve au sommet de la hiérarchie de tous les très grands élémentaux. Son pendant dans la hiérarchie angélique est **l'ange de la terre** ayant comme fonction de nous faire parvenir, par l'intermédiaire des anges des continents et des pays les inspirations d'origine divine.

La fonction de la Vierge Noire est toute autre. Elle est la mère de la Création dans le sens le plus large du terme. Tout comme Isis elle est également la reine de la nuit et de l'univers. Elle est la mère primordiale qui souhaite la bienvenue sur terre à tous les êtres avec son amour incommensurable. Je sens parfois que la force de la gravité pourrait être sa servante, tant elle nous mène vers elle et nous montre le chemin.

Parce qu'elle attire notre attention vers le bas et donc aussi vers les trois chakras du bas, la Vierge Noire honore la terre et est la marraine de l'écologie et de la prise de conscience environnementale. En tant que matrice originelle et noir vierge elle est la source intemporelle de la Création, de la créativité. Afin d'accéder à ce noir vierge nous devons apprendre à créer en nous cet espace sans pensées, sans idées préconçues. C'est l'espace de la créativité spontanée, authentique et sans concepts. En tant que musicien et directeur de stage j'enseigne depuis des années cette approche qui cherche à rendre notre expression identique à notre ressenti intérieur. Ma femme fait la même chose dans ses stages de peinture intuitive.

Maître Eckhart aurait dit un jour : "Le fond de notre âme est noir…. C'est pourquoi chercher à éviter le noir nous mène vers des vies superficielles, séparées de notre fond primordial. La Vierge Noire nous invite à entrer dans ce Noir et de ce fait dans notre for intérieur." [8]

Beaucoup a été écrit à son sujet. Je l'ai mentionnée dans plusieurs de mes livres : son incarnation en tant que la mère du Christ, son apparition dans l'école des mystères d'Eleusis, et comment elle est venue à Alésia en France sous la forme de statuette et où elle aurait fait, il y a fort longtemps, une apparition. Alésia, au sud de Besançon, était un des plus grands centres spirituels du continent européen entre 2500 et 500 avant J.C. Ce centre exista encore jusqu'à la bataille d'Alésia en l'an 54 A.D. à la suite de laquelle César éradiqua toute trace de cette religion sur le continent. Les statues de la Vierge Noire sont réapparues vers 800 A.D. en Auvergne et en plusieurs autres sites en Europe. Voir aussi le chapitre 5.1.14.

Notre contact avec son énergie bute contre **un obstacle culturel**, comme je l'ai décrit au chapitre 2.3. Car nous faisons l'amalgame entre cet espace sous nos pieds avec 'les mondes d'en bas', 'le domaine des morts', 'le monde des démons' etc. Cela s'explique en partie par le fait que dans notre aura une grande partie de notre subconscient individuel et collectif se trouve en-dessous de la taille. Tant que nous n'aurons pas appris à apporter plus de lumière et de conscience vers ces zones, elles seront la source de bien des peurs, comme toute zone inconnue. Jusque là nous éviterons cet espace. Mais cela au détriment de notre contact avec la terre mère, la déesse de la terre.

Les protestants ont éloigné Marie, une incarnation de la Vierge Noire, de notre conscience. Cela a rendu difficile le vécu de sa dimension mystique.

Nous pensions longtemps que nous pouvions exploiter impunément la terre, améliorer les sols avec de la chimie et y amasser tous nos déchets. Cela commence lorsque nous jetons par la fenêtre de nos voitures des cannettes vides, des emballages et des mégots. Une écologie et guérison de la terre ne seront efficaces que lorsque nous ferons la paix avec la partie 'basse' de nos énergies. Cela commence, on l'aura compris, avec l'intégration et la transformation de l'énergie des trois chakras du bas.

Lorsque j'ai médité pour la première fois dans la chapelle de la Vierge Noire à Montserrat j'ai eu une expérience profonde. Durant une demi-heure j'ai senti mon énergie descendre de plus en plus bas. Je me sentais comme une plume dans l'air, descendant lentement sans bruit. En même temps j'avais en moi cette voix très grave d'un moine tibétain qui descendait de plus en plus bas.

Récemment je me suis rendu à nouveau à Montserrat. La Vierge Noire s'y est montré dans un nouveau rôle, comme thérapeute, très impliquée dans les processus de transformation personnelle des participants du groupe. Vers la fin d'une méditation j'ai eu cette phrase qui a surgi en anglais accompagnée d'une émotion intense : "I love you Mother" / "Je t'aime Grande Mère", sentant que ce terme faisait référence à quelque chose de plus vaste que la mère physique.

Dans nos rêves nous pouvons durant de longues années essayer d'escalader des parois ou échelles raides jusqu'au jour où tout cela bascule vers des rêves de chutes lentes et quelque peu terrifiantes. Ce sont nos ambitions qui nous font grimper des sentiers exagérément raides. Lorsque nous devenons plus naturels et moins ambitieux nous approchons la région en nous de la Vierge Noire. La force de gravité, comme nous pouvons l'observer avec les éléments *terre* et *eau*, nous guide vers cet endroit de repos. Lorsque nous tombons dans des rêves c'est que nous nous approchons d'un état plus naturel et que nous abandonnons progressivement les efforts surdimensionnés et stressants de nos ambitions.

Le domaine de la Vierge Noire est un lieu sans pensées dans le sens où notre radio intérieure devient silencieuse. Nous aurons éventuellement encore quelques bribes de pensées dans nos méditations ou moments de silence, des demi-phrases, mais rien ne les alimentera plus. Elles disparaîtront vers l'arrière-plan après trois, quatre mots et perdront leur importance. Le fleuve de nos pensées est souvent alimenté par des émotions douloureuses peu maitrisées comme des sentiments d'infériorité, des blessures et peurs de tout genre. Lorsque nous les avons transformé avec succès, leur influence tarit et avec elle notre radio intérieure.

> *"Mon chemin n'est pas tourné vers le passé mais une ouverture vers le nouveau. Car être ouvert **est** 'le nouveau', le nouveau chemin pour renouer avec le Divin, l'Esprit, avec vous-mêmes et les autres humains. Être ouvert dissout la honte et le soi-disant péché, car les deux sont ancrés dans l'égo ou l'obscurité de la personnalité qui cherche à se cacher. L'ouverture est associée à la sincérité et ces deux qualités vont vous aider et vous indiquer le chemin, comment vous donner à l'amour."*
> canalisation d'Eva Høffding [15]

4.7. Le Créateur

Nous avons l'habitude de penser à l'existence d'un 'Dieu dans le Ciel'. Les Bouddhistes sont plus circonspects et n'utilisent pas de déités personnifiées dans le même sens que les nôtres. Toujours est-il que personne ne doute au fond qu'il y ait une sorte d'intelligence à l'œuvre derrière la Création. Mais même quand des âmes dans l'au-delà nous racontent ce qu'ils perçoivent lorsqu'ils cherchent à voir le Créateur, ils ne parviennent qu'à percevoir une sorte de voile, une zone impénétrable derrière laquelle ils sentent bien la présence d'une conscience créatrice [11]. J'aimerais proposer une vue un peu plus détaillée. Dans le chapitre 3, section 1 (p. 64) je décris ce que C m'a montré en ce qui concerne le champ divin et ses 21 sphères (voir aussi appendice).

Personnellement je pense que la Trinité (sphère 21) ainsi que les sphères 17-20 pourraient bien être considérées comme étant la dimension du Créateur voir des Créateurs. Si je comprends bien C, il y aurait au-dessus quand-même un seul Créateur. Après avoir décrit en détail le pôle 'féminin' de la

Vierge Noire, il me semble pertinent d'arriver aussi à une idée un peu plus différenciée du pôle 'masculin' comme les 21 sphères le suggèrent. Je place ces deux termes entre guillemets sachant bien que dans cette dimension divine il n'y a plus de polarité dans le sens où nous utilisons ce mot. Peut-être est-il possible de dire que pour rendre la fécondation possible dans le sein du féminin primordial il faut une impulsion de lumière et d'amour, une idée, qu'il s'agit de mettre au monde.

J'aime le fait que les mots intuition, inspiration, impulsion, idée tous commencent par un **i**, donc une ligne verticale coiffée d'un point. Ce point peut représenter le Créateur, le Grand Esprit ou simplement la dimension Divine. Ce point est éventuellement un triangle avec les trois aspects de la Trinité : de Créateur comme étant à l'origine des idées et des impulsions, la force créatrice du Saint Esprit qui insuffle la vie ainsi que Christ le fils et médiateur entre le haut et le bas. D'autres religions ou systèmes philosophiques ont leurs termes pour désigner quelque chose de similaire. Pour moi le concept de la Trinité 'du haut' doit être complété par une Trinité féminine 'du bas' de la Vierge Noire.

Je pense que le Divin est en tout, donc aussi en nous. Il n'y a pas de séparation. C'est cette réalisation qui va permettre de guérir les dualités, cette illusion de séparation. A partir de là nous ne pourrons plus maltraiter le vivant.

4.8. Le Saint Esprit

Il ne m'est pas facile de saisir mes pensées au sujet du phénomène du Saint Esprit. En même temps il me semble important, que nous, en tant qu'individus et indépendamment d'autorités extérieures, nous ayons nos propres réflexions, même si celles-ci doivent murir pendant des années. Dans ce sens je joins deux canalisations d'Eva

Høffding au sujet du Saint Esprit :

> "Le Saint Esprit est lié à l'amour, à la création par l'amour. Voyez-vous, c'est précisément la raison pour laquelle nous (les esprits) sommes là. Nous sommes là afin de manifester ici sur terre la Création de Dieu à l'aide du Saint Esprit. Le Saint Esprit est une impulsion, qui circule jusque dans le monde matériel, venant du champ Divin de l'amour, du champ Divin du Créateur. C'est à cause du Saint Esprit que vous vivez et existez dans ce monde physique. Essayez de comprendre cela."
>
> 19 mai 2013 [15]

> "Le Saint Esprit est l'expir de Dieu. Cet expir est la force créatrice de l'univers, il est l'expir de l'Amour, l'expir de la Création dont nous faisons tous partie. Le Saint Esprit est le vent qui traverse tout. C'est le Saint Esprit qui vous rend vivant. L'expir de Dieu est le vent, le vent sacré qui insuffle la vie en tout, qui insuffle la vie en vos narines. C'est essentiellement la vie de l'Amour. Le Saint Esprit est l'impulsion à travers laquelle les esprits font leur travail, venant du Champ Divin."
>
> 18 janvier 2014 [15]

L'impulsion créatrice viendrait de Dieu, du Créateur, du Grand Esprit. Le Saint Esprit pourrait être compris comme étant la motivation, le mouvement qui insuffle la vie dans cette impulsion et tous les flux d'énergie. Il nous reste à comprendre le rôle du Christ dans la Trinité. Je ne suis pas théologien et ne lis que très peu à ce sujet. Mais je pense qu'il est bon de progresser dans nos propres réflexions.

4.9. L'impulsion christique

L'essentiel dans les enseignements du Christ est universel et n'est pas confiné à une seule religion, tout comme les enseignements d'un Bouddha ou d'un Lao Tsé. Dans ma compréhension le Christ est arrivé afin d'apporter une nouvelle impulsion à l'humanité …et non une nouvelle religion. Cette impulsion comprend dans son noyau :   la compassion, l'individu contribuant à l'évolution comme co-créateur et manifestation du libre arbitre (se distinguant ainsi du comportement tribal ou de groupe), la célébration de la joie de vivre ainsi que la profonde revitalisation de la terre. J'ai décrit ce dernier aspect sous 2.3. Il me semble essentiel dans le contexte de la guérison de la terre. Je comprends le rôle du Christ comme étant un médiateur, nous enseignant le chemin de l'amour et du respect à emprunter pour marier le ciel et la terre, le Divin et l'humain. Il est aidé, dans cette coopération entre les mondes, par de nombreux êtres incarnés ou non, entre autres les êtres élémentaux du 5ème type 'christiques'.

Le printemps à l'époque de Pâques est époustouflant avec son éruption de joie de vivre, de créativité et de beauté. Pâques ne pouvait qu'être la fête de la résurrection, du renouvellement de la vie.

4.10. L'activation d'un lieu sacré
L'activation d'un lieu sacré est en premier lieu fondée sur une motivation pure et non-égotique en demandant au lieu d'être activé. Il s'agit d'une coopération avec les esprits du lieu et elle se fait à partir des points des quatre reines. Cette demande en elle-même n'est pas un processus compliqué, mais l'attitude sans égo, elle, est plus difficile à atteindre. Cela demande un travail discipliné sur nous-mêmes, sans quoi l'activation ne va pas se faire. La plupart des lieux n'est cependant pas activé à cause de la perte du savoir et de l'attitude requise. Nous pouvons changer cela. Un lieu ainsi activé va garder ce niveau d'énergie élevé pendant environ deux ans. Après deux ans une nouvelle activation sera

nécessaire. Cela me semble raisonnable car un lieu doit être gardé vivant. Il y a un donnant donnant.

L'énergie du lieu serait potentiellement accessible à tout un chacun. Mais faut-il encore savoir comment y être sensible, comment l'utiliser et y contribuer. Trop souvent nous n'avons même pas la patience d'y rester et d'en ressentir l'énergie.

L'énergie d'un lieu est composée de plusieurs aspects : les énergies de la dimension divine, mais aussi les pensées et émotions des gens qui les y déposent. On nomme également cette dernière composante un égrégore. L'aspect émotionnel d'un lieu peut être nettoyé, ce qui élève également le niveau d'énergie. Le terme 'énergie' ne doit pas nous faire oublier que derrière ce mot il y a la plupart du temps des êtres de la dimension divine.

Avec l'impulsion spirituelle d'il y a 4200 ans, au début de l'âge de bronze, sont apparus les **carrés magiques** sur des sites d'enseignement et de culte en Europe et en Chine. Ces carrés apparaissent suite à une activité humaine dédiée au divin. C'est un phénomène remarquable qui semble avoir le rôle d'un sigle divin et d'une place d'ancrage pour une guidance spirituelle venant des Trônes et des Kyriotetes. Nous trouvons deux carrés magiques dans chaque lieu de culte, peu importe la religion : un près de l'autel et l'autre à l'opposé, ce dernier servant de lieu d'ancrage pour l'ange du lieu.

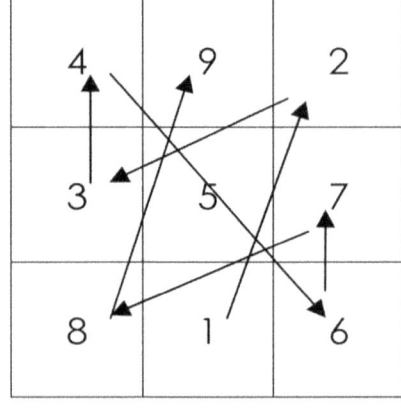

Cette empreinte énergétique est étonnante tant sa structure et son information sont complexes.

Ce carré énergétique a toujours une numérotation identique quelque peu troublante. On a nommé cela 'Le sigle de Saturne'. Il n'y a que l'orienta-tion du carré qui change. Le lieu sacré près de chez nous en a 11 : un au milieu, huit dans les huit directions et deux pour les deux lieux de guérison. Ces carrés-ci font partie d'une activation qui a eu lieu il y a 4200 ans. Ce sont des structures énergétiques vérifiables 'sur le terrain' qui posent des questions sur leur origine non-humaine. Après les cercles, grilles et lignes nous voici en présence d'une autre signature énergétique créée par des êtres de la dimension divine. Nos paysages recèlent bien des trésors cachés. Le carré magique près de l'autel se trouve légèrement décalé vers sa gauche. C'est l'emplacement réservé aux Kyriotetes, les anges qui veillent entre autres à la transmission des enseignements du Christ, ainsi qu'à la communauté de ceux qui s'occupent de l'église. C'est aussi l'emplacement où l'ange déchu s'installe (p. 72). Je ne peux pas rentrer dans les détails dans ce livre. J'ai présenté ces carrés en partie dans mes livres. [6, 17]

En résumé : C'est la façon dont nous utilisons un lieu sacré qui contribue à son niveau d'énergie et à ses éventuels effets bienfaisants. L'activation d'un lieu en dédoublera, en gros, le niveau d'énergie du lieu.

4.11. L'Energie d'un lieu

L'énergie d'un lieu sacré, une église p.ex., peut se mesurer en unités Bovis. Elle se compose de plusieurs facteurs :
- le potentiel cosmo-tellurique (grilles et év. cercles d'énergie)
- l'égrégore du lieu
- le degré d'activation
- l'ange de l'église
- la présence de sources d'énergie bénéfiques dans les environs.

Les niveaux d'énergie des seules grilles ne sont en soi pas très élevés (p 135), mais ne constituent qu'une partie de l'énergie du lieu. L'énergie apportée par les utilisateurs (égrégore) ou l'activation du lieu font la différence. L'ange de l'église à lui seul contribue pour environ 10'000 unités Bovis à l'ensemble de l'édifice, s'il y est présent. Sur le lieu même, une cathédrale p.ex., il y a le lieu de croisement des lignes avec ce potentiel que je viens d'énumérer et il y a les différents lieux dans le bâtiment lui-même. Le tableau en fin de ce livre ne donne que le taux d'énergie général du lieu. Sans être à cheval sur ces chiffres, ils nous donnent une idée de comment utiliser et améliorer l'énergie d'un lieu.

4.12. Faire l'expérience bénéfique d'un lieu

A mon avis, c'est là que cela devient intéressant. C'est le vécu qui est essentiel et pas forcément le fait de comprendre quelque chose intellectuellement. Mon expérience personnelle concerne surtout un très ancien lieu sacré non loin d'où nous habitons. Cette doline* n'a ni construction, ni Menhir, ni même une activité humaine régulière.

*) Doline : dépression fermée de forme circulaire, dans les régions à relief calcaire

Même si je peux mesurer son niveau d'énergie avant et après son activation (voir page 120 à la fin de 3.5.1.), je me retrouve seul sur le lieu avec mes perceptions, mon ressenti et mes éventuels doutes du jour. Je rappelle l'illustration (p. 40) avec nos champs d'énergie humains et le faisceau vertical. J'avais rendu attentif à ce que je nomme les trois 'chantiers permanents'. Nous les retrouvons aussi sur un tel lieu même si ou parce que l'énergie y est plus élevée : nos doutes sur ce qui nous vient d'en haut, nos doutes sur la bienveillance de la terre d'en bas, et nos doutes concernant notre estime de nous-mêmes, etc.

Même si je ne fais pas partie de ceux qui peuvent facilement ressentir un niveau élevé d'énergie sur un lieu, je suis conscient qu'au fil des ans ce lieu haut en énergie avec son apparence très modeste – il n'y a rien que cette doline de 75 m de diamètre – m'a beaucoup influencé. Chaque fois que je m'y rends je me sens un peu comme une plaque photographique vierge. Il ne tient qu'à moi de m'ouvrir, de me rendre disponible, prendre le temps d'éventuellement m'assoir afin de pleinement vivre le lieu dans le moment.

Selon C il suffirait de 8 minutes sur le lieu et de demander de l'aide. Un lieu chargé tient à notre disposition un potentiel d'énergie régénérant, calmant et guérisseur. J'ai observé que chacun y rencontre ce qu'il a à vivre, selon son état du jour. Je sais également qu'il y a de nombreux êtres de lumière sur ce lieu. Il y a entre autres deux petites surfaces de guérison, l'une pour des problèmes physiques, l'autre pour des questions d'ordre mental-émotionnel. Aux deux endroit on trouve un carré magique avec 185'000 UB [6]. L'autre jour j'ai même pris une photo d'un des carrés tant il était visible dans l'herbe. Faire l'expérience d'un tel lieu veut dire aussi aimer le lieu, s'aimer soi-même sur ce lieu et être reconnaissant.

4.13. La guérison d'Auschwitz à l'aune du présent

Des partis politiques d'extrême droite arrivent de nouveau au pouvoir dans des gouvernements en Europe et ailleurs. A chaque élection les gens doivent à nouveau décider s'ils veulent refuser ces idéologies et partis populistes d'extrême droite ou non. L'enjeu est sérieux.

Il y a peu de temps je suis tombé sur quelque chose d'inattendu. J'ai mentionné que des lieux sacrés très importants ont été désignés par des esprits très élevés il y a très longtemps. Ils portent des signatures énergétiques uniques composées de trois ou quatre cercles concentriques et un ou plusieurs croisements de grilles énergétiques. Ces endroits devaient potentiellement être utilisés un jour comme lieux sacrés. Ayant analysé quelques centaines de lieux de ce genre par rapport à leur mandala énergétique, je sais reconnaitre des lieux sacrés de premier ordre. Normalement on y trouve des cathédrales ou des bâtiments de cet ordre. Nous trouvons ces mandalas énergétiques parfois aussi sur des montagnes sacrés des peuples premiers.

A mon étonnement je trouve ces mêmes structures autour du camp de concentration d'Auschwitz

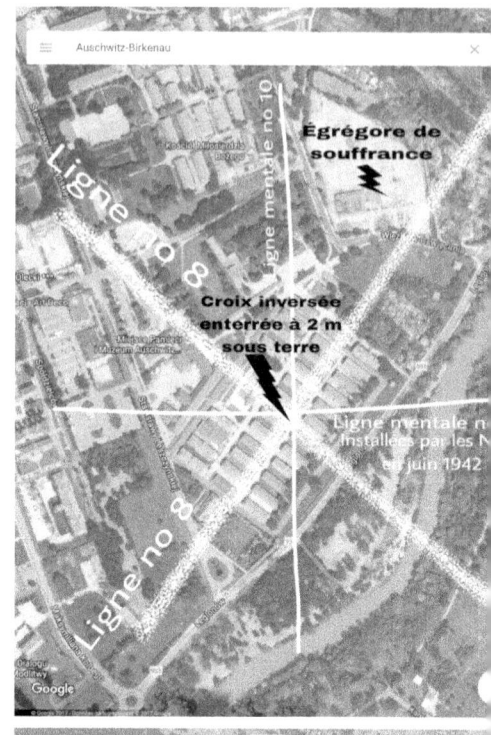

en Pologne ainsi qu'autour de l'église de Jasna Góra de la Vierge Noire à Czestochowa à moins d'une centaine de kilomètres d'Auschwitz. J'ai également trouvé un croisement de lignes d'énergie comparable sur le site de la maison d'Hitler au-dessus de Berchtesgaden. Cette maison a été construite spécialement pour lui. Là, il n'y a pas de cercles de Trônes tandis qu'à Jasna Góra et Auschwitz il y en a quatre. Ce sont donc deux lieux sacrés de premier ordre. Je me suis souvenu qu'une partie de l'élite Nazie s'intéressait à l'utilisation ésotérique des énergies. Leur savoir, même si basé sur des motivations erronées, leur a permis de trouver l'endroit exact pour ériger ce camp de concentration. Ils ont su abuser de ce lieu et comment en changer la polarité.

Le fait que le lieu de la Vierge Noire de Czestochowa possède le même mandala énergétique de haut niveau m'a fait rechercher ce que ces deux lieux avaient en commun. Ils semblent être couplés et dans une polarité complémentaire. La Vierge Noire est la mère de la Création et de la créativité (4.6.). Elle est active aujourd'hui avec son lien entre Auschwitz et la pensée fasciste de l'Europe actuelle. Le fascisme est à l'opposé de son énergie qui essentiellement est fondé sur le non-respect de l'expression libre individuelle, du libre arbitre et donc sur la suppression de la créativité.

J'ai demandé à C quel était le degré de guérison survenu à Auschwitz avec toutes les prières faites depuis la deuxième guerre mondiale. C m'a dit : « à peine 12% » ! Cela m'a choqué. C m'a expliqué qu'une guérison complète des énergies et des souvenirs du camp de concentration d'Auschwitz-Birkenau ne se fera que lorsque les européens auront réellement compris ce que signifie l'idéologie fasciste et qu'ils l'auront refusé net. Je ne sais pas combien de réfugiés et migrants l'Europe devrait accueillir. J'observe simplement que cette question des migrants fait surgir beaucoup de peurs que les partis d'extrême droite exploitent afin d'arriver au pouvoir. Nous savons tous de quoi un fascisme d'état est capable et nous ne voulons pas finir avec des gouvernements populistes et d'extrême droite partout.

Le fascisme nait de peurs et perpétue ces peurs afin de rester au pouvoir. Ces idéologies ne cherchent donc pas à comprendre ces mécanismes de peur et à en libérer les êtres humains. L'expression créative au contraire fait naitre la joie et la liberté. Elle est fondée sur des valeurs du cœur : compassion, amour et compréhension. La peur, la construction de murs illusoires autour de nous sont les caractéristiques de la mentalité du plexus solaire. C'est la transformation de ce plexus solaire et la libération de ses énergies vers le cœur et le chakra du cou, chakra de l'expression, qui vont transformer durablement notre énergie et notre mentalité. C'est là le vrai progrès.

Le mécanisme fasciste est fondé sur un déséquilibre en nous. Pour pouvoir le changer, il est nécessaire que ce mécanisme soit reconnu et transformé en nous. Il s'agit fondamentalement d'une dominance néfaste du mental inférieur, donc de notre intellect, qui agit sans le cœur et sans le spirituel. Le processus d'harmonisation de l'influence du mental avec les trois chakras du bas, racine, hara et plexus solaire, pour arriver à une utilisation équilibrée du cœur, ne peut pas se décrire en quelques lignes. Si le mental et notre individualité ouvrent potentiellement la porte vers une formidable avancée dans l'évolution, il nous reste à apprendre à ne pas utiliser l'aspect intellectuel du mental (dit 'mental inférieur') pour refouler les énergies vitales situées dans le bas du corps. Cela a été un enjeu de siècles de travail et continue à l'être. Toute ma série « Science de la guérison spirituelle » vise à expliquer ce processus.

Chapitre 5

Guérir c'est redevenir 'sain(t)'.
Le terme 'saint' fait référence à des lieux et des actions dédiés au Divin et à la Création.
Redevenir 'sain' (d'esprit) est un processus qui permet à la personne de replacer le sacré au centre de sa vie.

Changements - adaptations – guérison

Dans ce chapitre j'aimerais différencier deux types de changements qui nous forcent à nous adapter et à agir :

- les changements exogènes – imposés par l'univers
- les changements endogènes – engendrés par les humains,

Notre niveau de connaissance actuel ne nous permet pas toujours de clairement distinguer les deux sources de changements. Lors de catastrophes naturelles p.ex. nous devons nous demander dans quelle mesure elles ont été partiellement créées par les humains. Dans les cas de feux de forêt et d'inondations leurs causes peuvent souvent être retracées jusqu'à nous. Lorsqu'il s'agit de tempêtes, de tremblements de terre ou de sècheresse, etc. l'identification de leurs origines est bien plus complexe.

Dans le débat public il est beaucoup question des problèmes engendrés par l'être humain. C'est nécessaire car c'est notre part de responsabilité. Il n'y a que nous qui puissions changer ces dérives. Cependant, si je mets ici en avant les causes exogènes c'est parce qu'elles ne font pratiquement pas partie du débat public et cela fait partie du déni des forces subtiles auxquelles justement nous devons nous associer. C'est tout un bouleversement qui se passe en ce moment. L'approche spirituelle consiste à essayer de voir les raisons profondes de ce qui se passe et pas seulement ce que nous pouvons lire dans les mass-médias.

Au vu de tous les problèmes environnementaux qui se révèlent à nous ces derniers temps nous pourrions bien succomber à un pessimisme de civilisation. Mais il se peut que nous soyons simplement arrivés à la fin d'une logique que nous devions vivre. L'état actuel fait partie du processus d'évolution. Nous devions explorer cette piste de 'domination de la nature' pour nous rendre compte que cela crée trop de souffrance et qu'il faut trouver une autre approche. L'étendue des problèmes nous force à repenser notre rôle dans l'écosystème de notre planète.

Le changement de bon nombre de nos habitudes semble indispensable. Cela représente un processus qui demande adaptation et guérison. Ce chapitre ne fait qu'ouvrir une fenêtre vers quelques causes des changements. Je ne doute pas qu'il y ait bien davantage de changements qui opèrent et que j'ignore.

5.1. Les causes exogènes

C confirme que les changements énumérés dans cette partie exogène ont été essentiellement initiés par la sphère 21 de la Trinité. Nous pourrions aussi nommer ces changements comme nous venant de Dieu, du Grand Esprit ou de l'Univers. Je ne peux pas dire grand-chose au sujet des deux premiers points 5.1.1. et 5.1.2. Beaucoup a été écrit à leur sujet par des gens bien plus compétents que moi. Le point n° 5.1.4 a été mentionné par plusieurs auteurs, entre autres par Marco Pogacnik. [2,3]

"Nous, les esprits, nous touchons aujourd'hui les vies des humains d'une nouvelle façon, parce que nous pouvons nous rapprocher de vous bien davantage que dans le passé. Nous pouvons aujourd'hui devenir une partie de votre vie d'une manière bien plus concrète que dans le passé."

Ignatius 4.3.12 Montserrat, Eva Høffding [15]

5.1.1. Les changements climatiques ?

L'activité humaine a sans aucun doute une influence sur les changements climatiques mais elle ne devrait pas être la seule cause. Beaucoup d'experts travaillent pour mieux comprendre. Je pense cependant que des pans entiers nous échappent, notamment lorsqu'il s'agit de niveaux invisibles ou d'actions tenues secrètes. Selon Prof. Claudia Von Werlhof, présidente du « Mouvement planétaire pour la Terre Mère », la focalisation sur le CO_2 p.ex. serait un leurre qui sert à dissimuler les vraies causes. D'après elle il n'y a pas de réchauffement global mais bien des actions humaines d'origine militaire qui réchauffent délibérément p.ex. les pôles afin de pouvoir accéder à des gisements de pétrole sous la glace. Evidemment, pour nous il est très difficile d'y voir clair.

5.1.2. Les impulsions du zodiaque

Sans vouloir entrer dans les détails au sujet des impulsions venant du zodiaque, nous avons généralement une idée que chaque signe nous apporte un autre type d'énergie depuis l'univers et que les planètes font descendre vers la terre ces énergies avec leurs constellations changeantes. Ce savoir est étudié et utilisé surtout dans l'agriculture biodynamique et dans les horoscopes. La provenance de ces énergies et leur gouvernance nous sont largement inconnues. C me dit que ces impulsions viennent du niveau de la Trinité et qu'elles sont transmises par les Trônes et le Kyriotetes. Ce que cela veut dire exactement m'échappe cependant.

5.1.3. Le retrait partiel des anges

Dans la chaine d'inspirations vers les Dévas et provenant des niveaux angéliques il y a, selon C depuis 1992, un retrait de certains anges. Ces derniers sont sensés être remplacés graduellement par nous les humains. Cela correspond à une nouvelle évolution du rapport des humains à la nature. Cet aspect a été discuté dans les cahiers de Flensburg il y a de cela déjà plusieurs années. Une des explications est que les humains doivent impérativement mieux comprendre comment la nature et ses esprits fonctionnent. Nous devons percevoir directement quel genre de problèmes ils ont au quotidien, ceci afin que nos futures interventions puissent en tenir compte et soient moins destructives. Le fait qu'on nous demande de l'aide, fait penser que nous en sommes capables et que c'est de notre devoir d'assister les esprits de la nature. Nous sommes poussés vers une coopération.

5.1.4. L'apparition des élémentaux du 5ème type

Vers 1993 sont apparus une nouvelle catégorie d'élémentaux qu'on nomme soit 'élémentaux christiques' ou 'du 5ème type' (voir chapitre 3.3.). Leur tâche consiste essentiellement à aider la coopération entre humains et les esprits de la nature. Voir aussi l'interview dans l'appendice.

5.1.5. La vague d'énergie de mai 2015 à février 2017

Lors d'une méditation en juin 2015 j'ai reçu, fait rare en ce qui me concerne, le message qui suit : « La force de l'Amour est en train de se manifester. Le chemin de la lumière est en train de se manifester. » Ces mots m'apparurent comme taillés dans une stèle de granit qui semblait descendre d'en haut. Ce message venait des Trônes. Ce que cette vague d'énergie a provoqué et de quoi elle était faite, est à ma connaissance encore peu exploré. J'apporte pages 207 quelques explications à ce sujet. J'ai reçu les informations supplémentaires qui suivent : Ces énergies seront perceptibles au niveau mental en tant que éclairage et érosion de

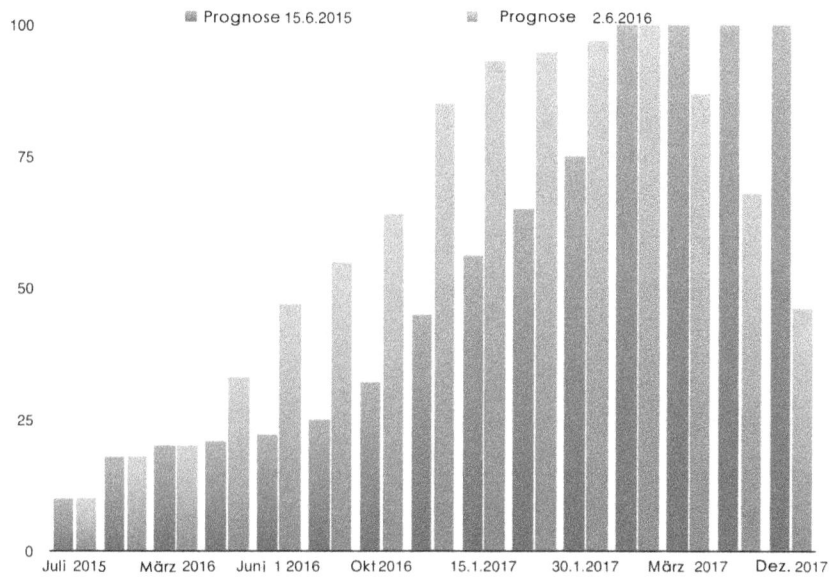

"The Power of Love is manifesting. The Path of Light is manifesting."

concepts obsolètes, au niveau astral en tant que joie et au niveau spirituel en tant que sentiment d'élévation et de grand espace de liberté. J'ai eu deux pronostics de l'évolution de cette vague d'énergie : le bleu le 15 juin 2015 puis un deuxième, vert, rectifié le 2 juin 2016. (voir aussi 5.1.9.)

5.1.6. La Réorganisation des anges du paysage de 2017

Déjà au mois d'août 2016 j'avais rencontré un ange du paysage qui se trouvait sur un lieu 'pas encore en service'. Je précise que je ne vois pas d'anges avec des ailes ni même de formes humanoïdes. Je perçois, comme d'habitude, simplement une colonne d'énergie, ici dans un champ, qui à ma demande se fait connaître comme étant un ange du paysage. Cet ange me disait qu'il ne venait pas vers moi

196

avec un problème, mais qu'il tenait à m'informer qu'il n'était que depuis peu de temps sur ce champ et qu'il allait prendre du service seulement début février 2017. Effectivement en février 2017, lorsque je suis retourné le voir, il me confirma avoir pris du service. Non

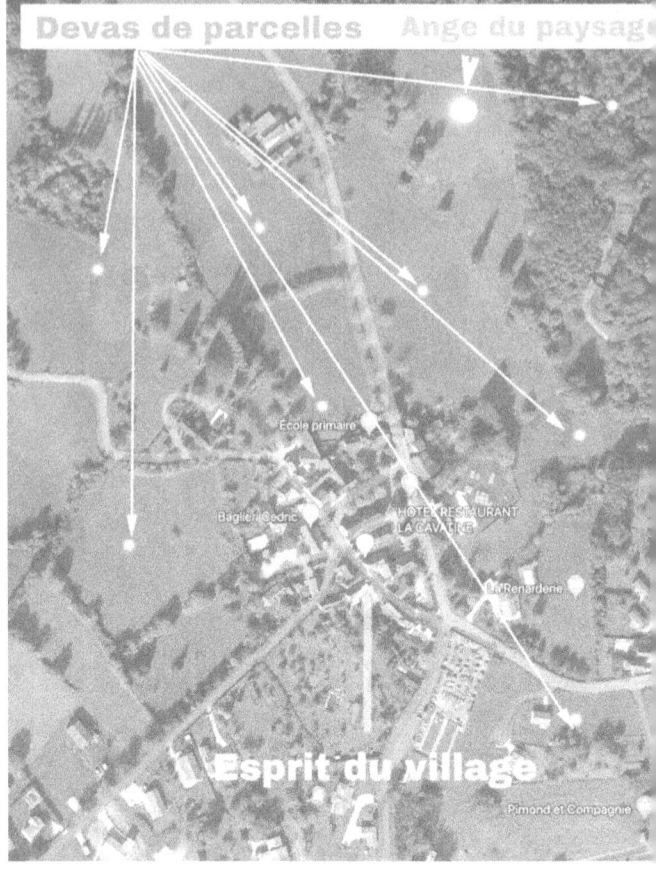

loin, dans d'autres lieux d'ancrage d'anges du paysage, ces derniers avaient été remplacés par des collèges. Une réorganisation avait bien eu lieu. C commenta brièvement : On avait eu besoin des anges précédents autre part. Une nouvelle génération d'anges du paysage avait pris leurs places.
(photo : La Chapelle Aubareil, 24)

5.1.7. Demandes des Dévas et anges du paysage

Au printemps 2016 j'ai commencé à observer des lignes d'énergie convergeant vers le cristal de quartz que j'avais placé sur le sol au milieu de la pièce. Etant donné que la première ligne y resta pendant des jours, je finis par la suivre. Elle me guida vers l'extérieur. A environ 25 m de la maison elle s'arrêta auprès d'un élémental de l'eau, une ondine, qui normalement se trouve à 150 m de notre maison près de sa source. Elle me fit savoir que j'avais une faute dans mon livre précédent. J'y avais écrit que l'esprit de notre vallée se trouvait environ 400 m plus bas près 'de la source la plus haute de la vallée', quand en vérité c'était sa source à elle qui était située la plus haute dans notre petit vallon. Que je devais corriger cela. Cela a été une leçon mémorable pour moi. J'ai compris que même une faute, aussi petite soit-elle, représentait une injustice, créant un déséquilibre qui devait être corrigé tôt ou tard afin de rétablir l'harmonie.

Depuis j'ai eu pendant une période de près de deux ans pratiquement tous les jours 1 à 2 nouvelles lignes convergeant vers le cristal. Jusqu'à aujourd'hui j'ai observé une bonne centaine de demandes de la part de Dévas de parcelles ou d'anges du paysage. Cela m'a permis de me faire une idée des tâches que ces êtres ont à résoudre chaque jour. Pour eux c'est le plus naturel du monde que de venir vers leur coach pour des conseils. J'y reviendrai plus bas. Vous trouverez également d'autres exemples sur mon site web et dans mon livre précédent 'L'Accès aux Mondes invisibles'.

Quelque temps plus tard j'ai eu la Déva de la parcelle des voisins dont la demande m'a fait découvrir les 12 grilles d'énergie. Puis il y eut une série d'autres êtres, qui se firent remarquer, chaque type d'être avec une nouvelle signature énergétique autour du cristal. J'y reviendrai.

Au fil du temps j'ai appris à connaître bien des aspects du travail des anges du paysage et des Dévas de parcelles. Leurs demandes étaient très variées et m'ont surpris plus d'une fois. Même si dès le début je n'avais aucune idée de la façon de leur venir en aide, il était évident que je n'allais jamais refuser de les aider. Je me suis vite fait une raison en me disant que ces êtres savaient très bien eux-mêmes ce qu'ils faisaient et ce que je pouvais faire pour eux, même si je n'y comprenais pas grand-chose.

La série commença pour de bon lorsqu'un jour nous nous apprêtions à méditer avec un petit groupe en Suisse. Une ligne d'énergie nous rendait attentif à l'ange du paysage à proximité de la **centrale nucléaire** de Mühleberg près de Berne. On nous dit que cette centrale avait causé une pollution sous terre qui allait jusqu'à 300 m de profondeur. Personne ne s'en était aperçu. Même si de toute évidence nous n'avions aucune idée de ce que nous pouvions faire pour résoudre ce problème, nous avons décidé de venir en aide à cet ange du paysage en incluant sa demande dans nos soins à distance. Nous nous sommes mis en contact avec l'élément *terre* en nous (notre chakra racine, nos jambes, nos pieds ainsi qu'une couche de 300 m de profondeur sous nos pieds) puis avec notre cœur. Pendant la méditation l'un d'entre nous a eu l'impression que quelque chose avait changé. Une fois la méditation terminée nous avons pu constater que la ligne vers le cristal avait disparu et que l'ange du paysage était apparemment satisfait de notre contribution.

Je reviendrai dans le chapitre 6 sur le phénomène des soins à distance et la prière. Mais nous pouvons déjà dire qu'un assez grand nombre de personnes et de travaux scientifiques ont constaté les effets significatifs de prières et de soins à distance. La physique quantique p.ex. nous a démontré que deux cellules apparentées pouvaient communiquer entre elles sur des distances de plusieurs milliers de kilomètres et qu'il y avait bien une communication notable sur une grande distance entre deux organismes vivants.

Dans le cas de cette centrale nucléaire notre compréhension était forcément très limitée. Malgré cela je ne doute pas que notre intervention ait contribué à quelque chose d'utile. Combien cela est allé au-delà d'un soutien moral m'est difficile à dire. Tout ce que je sais, lorsqu'il s'agit d'interactions avec les dimensions invisibles, c'est que je sais très peu. Nous devons, je pense, accepter que nous entrons dans une zone inconnue et que nous avons beaucoup à apprendre. Cela fait apparemment partie du processus d'apprentissage que de découvrir combien nous arrivons à faire en utilisant notre conscience dirigée. En même temps il est évident de constater qu'une pollution jusqu'à 300 m sous la surface de la terre peut très bien passer inaperçue. Un des effets positifs de notre intervention peut éventuellement provenir du fait que j'écrive sur cet évènement. Voici quelques autres interventions avec le cristal.

13 août 2016 un ange du paysage se manifeste à travers le cristal. Il se trouve à 33 km vers le nord-est, dans la direction de la ligne d'énergie arrivant au cristal. Il me communique une **pollution de sa rivière,** la petite Loire, dans une forêt un peu au sud de sa position à lui, apparemment causée par une décharge illégale et me demande de prier et que ça suffira ; ce que je fais en incluant en pensée le conseil municipal. La ligne disparaît et on m'a dit que la prière avait fait son effet.

17 août 2016 - des Dévas dans une forêt de feuillus sont submergées par **un problème d'insectes** qui attaquent leurs arbres. Je fais une prière combinée avec un triangle du plexus solaire à travers les jambes juste un peu en dessous des pieds. La ligne disparaît. L'apparition et la disparition de ces lignes a été observée par plusieurs personnes présentes dans la pièce.

18 août 2016 une ligne part vers l'ouest à 3 km près de Peyzac le Moustier. C'est une Déva qui s'occupe des alentours d'une propriété dont le **vignoble est attaqué par des insectes.** Les propriétaires pensent utiliser des produits chimiques, ce que la Déva aimerait éviter. Elle me demande d'intervenir afin que d'autres solutions soient acheminées vers la pensée du propriétaire. Elle demande que je fasse une prière dans ce sens. Ce que je fais et la ligne disparaît.

18 août 2016 à 50 km direction Sud-ouest près de Rouffignac-de-Sigoulès à côté de Monbazillac, en plein vignoble, une Déva gardienne d'une parcelle de forêt me dit que sa **forêt n'est pas entretenue** et donc vulnérable à des êtres nuisibles ; elle me demande de prier afin que les propriétaires ou les gens qui devraient entretenir cette forêt puissent mieux s'en occuper.

19 août 2016 une ligne vers le Nord-Nord-est à 17 km aboutit tout près de Châtres (24). Il s'agit d'un ange du paysage. Je dois poser une série de questions pour trouver l'endroit exact qu'il cherche à m'indiquer dans ce village. Il y a **un danger d'incendie à cause de la sécheresse** ; on me dit qu'une prière ne suffisait pas et que je devais y joindre un exercice incluant le plexus solaire (région *feu* du corps) et les pieds ainsi que l'espace sous les pieds, formant ainsi un triangle. J'y ajoute une prière et la ligne disparaît.

Le 26 août 2016 une Déva nous interpelle ; elle se trouve à 3 km à l'est d'ici, entre Galinat et Linard près de la Coucherie dans une parcelle de forêt. La **Déva** se plaint d'une **surpopulation de blaireaux** dans sa parcelle de forêt provoquant des dégâts aux arbres. Il y aurait cinq blaireaux – les parents et trois jeunes – il y en a trop. Donc nous prions l'âme de groupe des blaireaux de s'en occuper et de demander à quelques uns de ces blaireaux de trouver un autre endroit pour vivre. La ligne disparaît.

12 septembre 2016 - à 5 km au sud un peu au nord du lieudit Callabout un ange du paysage et une Déva me signalent qu'il y a **trop de cerfs** sur leur territoire : ils abîment les arbres dans la parcelle. Ils me demandent de prier et de solliciter l'âme du groupe des cerfs d'intervenir. Ce que je fais. La ligne disparaît.

Septembre 2016 - près de la grotte du 'roc de Cazelle' et de la petite Beune, une Déva de la forêt nous indique qu'elle a un problème avec **un groupe de sangliers** causant des dommages dans sa forêt. Nous devons parler à l'âme de groupe des sangliers et y joindre une prière.

8 Novembre 2018 – 18 km vers le nord-est, un ange du paysage signale une pollution de la nappe phréatique par du radon. Prière et la ligne disparaît. La commune en question se trouve effectivement sur un registre officiel des communes avec une susceptibilité accrue de radon.
Je donne d'autres exemples dans mon livre précédent. [7]

Au mois de mars 2017 j'avais mon groupe d'étude chez moi. Quelques jours auparavant j'avais arrêté de m'occuper des demandes de Dévas et d'anges du paysages afin qu'un certain nombre de lignes puisse rester perceptible autour du cristal. Lors du stage il y avait ainsi six lignes. Je les avais indiquées au sol chacune avec un bout de laine de différente

couleur. Tous les participants pouvaient les percevoir même au-delà du bout de laine. Nous avons alors passé un peu de temps pour trouver où ces êtres se trouvaient et ce qui les amenait vers nous. Puis nous avons brièvement médité ensemble et chacun a récité sa propre prière. A la suite de cela toutes les six lignes avaient disparu, comme tous les participants ont pu le constater.

Le Dagda m'expliqua début 2018 pourquoi il y avait maintenant moins de lignes d'énergie perceptibles autour du cristal venant de Dévas et d'anges du paysage. Il me rassura sur le fait que leurs demandes étaient toujours traitées et que nos soins à distance avaient créé **un champ permanent de guérison** avec un rayon de 50 km autour du cristal. Ce champ est comparable à un radar dans le sens que je peux à tout moment vérifier l'état des demandes actuelles autour du cristal. Le processus continue donc mais à un niveau moins conscient et je peux de ce fait me concentrer sur d'autre êtres et leurs problèmes.

Notre travail de soins à distance peut se comparer à celui des employés d'une ancienne centrale téléphonique. Nous créons des connexions entre les demandeurs et les spécialistes. Les explications du Dagda me font penser que l'ancienne 'centrale téléphonique' avait apparemment été remplacée par une centrale 'semi-automatique'.

5.1.8. Demandes des très grands élémentaux

Lors d'un stage en septembre 2017 une nouvelle signature énergétique apparut au cristal. Il s'agissait d'un segment d'environ 30°. Tous les stagiaires participèrent aux questions pour trouver de qui il s'agissait et avec quelle sorte de demande cet être était venu. Ce contact semblait avoir été arrangé par des êtres de Pégase (voir page 154). On nous demanda d'intervenir en construisant un triangle. Un point devait être situé sur le chakra correspondant à l'élémental concerné (voir page 160), les deux autres points sur un même plan sur le faisceau vertical (page 40). On nous indiquerait à quelle hauteur. Il s'avéra que cette signature de 30° nous mettait en contact avec les très grands élémentaux. Ceux-ci avaient perdu dans une certaine mesure le contact avec leur coach ou supérieur, les Exusiai, dû aux changements structurels d'énergie récents (5.1.5.). La fréquence de ces élémentaux avait été abaissée afin de faciliter leur contact avec les êtres humains. Cela devait permettre aux humains de mieux comprendre le travail de ces très grands élémentaux. Nous guérisseurs allions avoir à partir de maintenant en quelque sorte un contact permanent avec eux afin de pouvoir fonctionner comme médiateurs. Nous allions maintenant nous trouver être la personne derrière le tableau de connexions de 'la centrale téléphonique'. Les liens de communications une fois rétablis entre les élémentaux et les 'Puissances/Exusiai' seraient à nouveau permanents. Les cristaux de quartz étaient, selon C, particulièrement bien adaptés à cette fonction de tableau de communication. Je me souviens que les anciens récepteurs radio fonctionnaient avec un cristal de quartz rotatif pour cibler le poste émetteur recherché.

Nous avions donc été mis en contact, ce septembre 2017, avec un très grand élémental du feu qui a son point d'ancrage dans une ancienne église au milieu de la ville d'Orléans. Il était ennuyé par l'agitation autour de l'introduction des compteurs intelligents 'Linky' par EDF. Sans avoir lui-même une opinion à ce sujet (ce n'est pas son devoir), ce sont les vagues d'émotions autour du 'Linky' qui le dérangeaient. Car une partie des informations de cet appareil sont transmises par les mêmes câbles électriques mais sur une autre fréquence que l'électricité elle-même. En tant qu'élémental du feu il est responsable de la production, distribution et consommation d'énergie (gaz, carburants, électricité, internet, bois, charbon, etc.). Ces vagues d'émotions perturbaient la distribution existante d'électricité. Dans notre groupe d'étude nous avons alors entrepris une méditation sur l'énergie qui incluait le chakra du plexus solaire ainsi que deux autres points dans l'aura. Les deux points en question, ainsi que tous les autres concernant les demandes futures, me sont toujours indiqués avec précision. Dans un premier pas je demande s'il s'agit de point au-dessus de la tête, sur le corps ou en dessous des pieds. Du fait de mon long travail avec les champs énergétiques, j'ai l'habitude d'utiliser les 21 chakras secondaires mais aussi une série d'autres points sur le corps [4]. La découverte des couches extérieures de l'aura apporta des points supplémentaires résultant du croisement du faisceau vertical avec les couches de l'aura (voir illustration 2.1. page 40) [6]. On m'expliqua que je pouvais très bien utiliser un de ces points sur le faisceau central en dehors du corps en les dédoublant en leurs aspects de polarité : masculin/féminin, droite/gauche du faisceau central.

Cela a eu comme conséquence que je me suis mis à étudier ces points et ces couches extérieures de plus près afin de mieux connaître leurs particularités et différences. Très souvent on me demanda d'utiliser le point 'de la Vierge Noire' ou le point 'de conscience christique'. Au-dessus de la tête il s'agissait souvent du 'point de l'âme divine' et du 'point d'essence supérieur' (voir page 40). Cela dépasserait le cadre de ce livre d'aller dans plus de détails.

Déjà au mois d'août 2016 j'avais eu un contact avec un élémental du feu moyen. Il m'avait rendu attentif aux conséquences d'un coup de foudre sur une maison dans la région viticole de Monbazillac. Ce coup de foudre avait été attiré par une roche métallifère dans la terre et avait provoqué un déséquilibre dans les environs. Cela semblait avoir affecté l'état de santé de certains habitants. Dans ce cas j'avais également utilisé le plexus solaire ainsi que deux points sous les pieds. La méditation sur l'énergie avec ce triangle et ma prière avaient fait que la ligne vers le cristal avait disparu.

Fukushima - grand élémental de l'eau

centrale nucléaire

Début 2018 il y a eu toute une série de demandes de la part de très grands élémentaux. Cette fois-ci ils ne m'ont la plupart du temps pas donné d'explications mais ont souhaité que j'utilise le chakra respectif ainsi que la paire de points qu'ils m'indiquaient à chaque fois.

Un jour je me suis mis à la recherche de l'élémental de l'eau qui a l'énorme tâche de s'occuper des eaux de refroidissement de la **centrale nucléaire de Fukushima**. Toutes ces eaux étaient hautement radioactives et il était question de les évacuer vers l'océan pacifique. Ce dernier est déjà largement affecté par l'accident nucléaire lui-même lors du tsunami de novembre 2012. C me montra

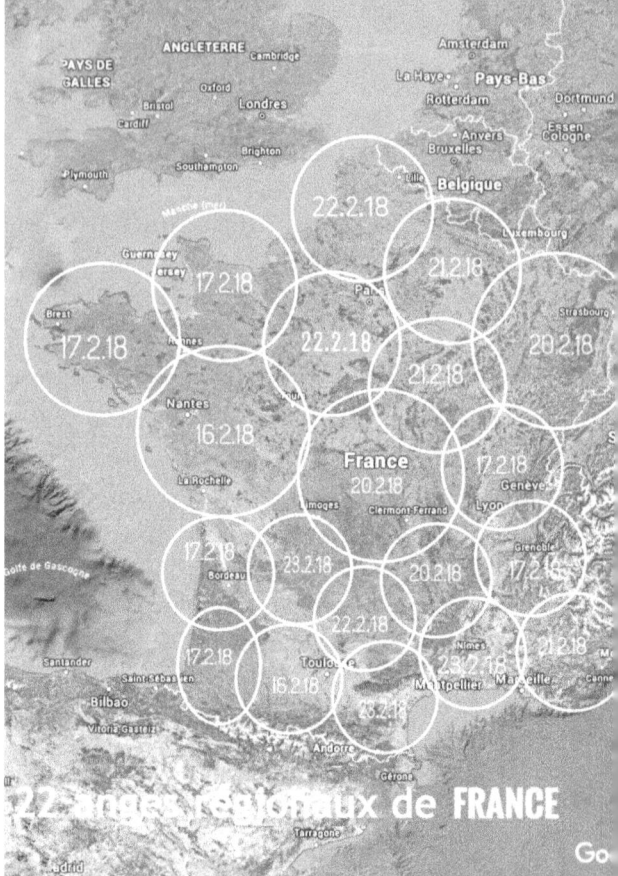

l'endroit précis de la position de l'élémental dans la lagune juste au sud de la centrale de Fukushima (voir la flèche sur la photo page précédente). Depuis j'inclus cet élémental dans mes soins à distance et je pense que bien d'autres feraient bien d'en faire autant. Déjà pour montrer à cet élémental notre solidarité et que son travail nous emplit de respect.

5.1.9. Demandes des anges des régions d'Europe

Mi-février 2018 débuta une longue série de demandes d'anges de régions venant de toute l'Europe. Nous avons petit à petit systématiquement couvert des pays entiers puis l'Europe entière. Dans la période du 16 au 23.02. il y eut ainsi 76 anges régionaux avec lesquels j'ai eu un contact. Certains jours ils étaient jusqu'à 8 à se manifester ainsi. Le lien a été établi par les 'Puissances' de la sphère 14. Le but de ces soins à distance est d'aider à rétablir les liens entre les anges régionaux et leurs anges de la sphère 14. La raison était à nouveau ces changements énergétiques qui ont fait que les anges régionaux devaient abaisser leurs fréquences afin de se rapprocher de nous et de la terre.

C'était apparemment une des conséquences de la vague d'énergie de 2015-2017 lors de laquelle la fréquence de toute une série de très hauts êtres angéliques avait été augmentée, créant ainsi une séparation momentanée avec les êtres dont la fréquence avait été abaissée en même temps. Ces soins à distance ont apparemment contribué à ce que les anges régionaux apprennent à étendre leur bande de fréquences. Ils devaient en même temps garder la partie basse de fréquences nouvellement acquises tout en élargissant leur bande de fréquence globale vers le haut afin de reprendre contact avec leurs 'supérieurs'. Des esprits spécialisés les ont aidés. Les soins à distance ont aidé à établir ce contact.

Dans ce cas des anges régionaux les demandes concernaient toujours la construction mentale d'un triangle, la plupart du temps depuis le chakra du cœur vers une paire de points sur le corps, dans nos champs énergétiques près du corps ou sur le faisceau vertical vers le haut ou le bas. A chaque fois les instructions étaient précises en ce qui concerne les points à choisir. Chaque fois la méditation de soins à distance elle-même ne prenait pas plus de quelques minutes. Inutile de répéter que je n'y comprenais pas grand-chose mais étais heureux de contribuer au peu qu'on me demandait de faire.

5.1.10. Demandes des anges des nations

En Février 2018 apparut une autre signature énergétique auprès du cristal. Cette fois-ci il s'agissait de segments de cercles de 120°. Assez vite j'ai pu savoir qu'il s'agissait d'anges de nations. Le lien avec eux semblait avoir été arrangé par les Dominationes de la sphère 16. La raison de leurs demandes était désormais bien connue. Chez eux aussi la vague d'énergie de 2015/2017 avait créé un déplacement de leur bande de fréquence. Ils avaient dû abaisser leur bande afin de se rapprocher de la perception humaine. Toute la hiérarchie en-dessous d'eux avait suivi cette baisse de bande de fréquence : ce qui avait affaibli le contact avec l'ange du continent, donc le chaînon au-dessus dans la chaine d'inspiration. Les soins semblaient les aider à élargir leur bande de fréquence vers le haut sans perdre le contact vers le bas. Lors du processus de soins à distance ils ont reçu les informations sur la manière de s'y prendre. Je décris les méditations sur l'énergie plus loin sous 6.7.2.

5.1.11. **Demandes des anges des nations ethniques**

Puis il y eut fin mars 2018 une nouvelle signature énergétique autour du cristal. Cette fois-ci apparut un segment de 90°. Après une série de questions j'ai compris qu'il s'agissait sous cette signature de nations ethniques. Il y eut d'abord la nation des indiens Apaches, puis les Cree du Canada, puis l'ensemble des tribus amérindiennes de l'Amazonas. Dans bien des nations politiques les minorités ethniques ont souvent été négligées voir même chassées de leur espace géographique natif.

5.1.12. **Les anges des continents**

Après les anges de nations ethniques il y eut à nouveau une nouvelle signature bien distincte des autres. Cela commença par une simple ligne qui immédiatement commença à s'élargir comme un éventail, pour atteindre en l'espace d'environ 20 secondes le cercle complet de 360°. C'était assez bluffant à observer. Jamais je n'avais vu ainsi de l'énergie en mouvement. J'admire combien ces êtres sont créatifs pour imaginer tout le temps des signatures énergétiques si distinctes les unes des autres. Cette fois-ci il s'établit un contact avec des anges de continents en commençant par l'Amérique, l'Antarctique, l'Afrique…. Les méditations souhaitées sont restées simples comme d'habitude : un point au-dessus de la tête sur l'axe vertical, un autre sous les pieds, suivi d'une prière.

5.1.13. Guérison du local vers le global
Puis cette phase semblait ne plus vouloir s'arrêter. La ligne du début montrant toujours dans la même direction vers le Sud-sud-est. Ce qui au début était clairement l'ange du continent Africain devenait quelque chose de différent. J'ai pu identifier l'être qui cherchait à me montrer quelque chose comme étant un Séraphin. Pour trouver de qui il s'agissait j'ai passé en revue la liste de l'appendice (p 238). Après avoir observé ce déploiement de l'éventail une huitaine de fois il était devenu évident : ce qu'il cherchait à me montrer était la nécessité d'une vue globale, une **guérison globale**.

Car la ligne du début montrait toujours dans la direction de notre petit vallon puis continuait vers la formation du cercle entier. Je compris que dorénavant mes soins à distance devaient partir d'un contact local et que ce contact allait s'élargir automatiquement sous mon attention pour finalement inclure tous les lieux, thèmes et êtres qui avaient besoin d'aide et avec lesquels j'avais déjà travaillé ces derniers temps. Il est vrai que j'avais commencé à me demander si le tout n'était pas devenu un peu compliqué. Je m'étais demandé comment tout cela allait pouvoir continuer, car de réciter intérieurement tous ces noms, régions en détresse et thèmes qui avaient besoin de soins prenait presque tout le temps de la méditation. (voir aussi 6.7.3. page 231).

5.1.14. **L'introduction des nouvelles grilles d'énergie**

Selon C la grille No 6 a été activée par les très grands élémentaux de la terre il y a 4200 ans. L'impulsion cependant était venue de la Déesse de la Terre. L'orientation de bon nombre de cathédrales et d'églises témoigne de l'importance de cette grille : Evreux, Vézelay, Orléans, Münster, Erfurt. Avant ces édifices il y eut les premières églises chrétiennes au même endroit, et avant elles d'autres bâtisses de cultes préchrétiens, parfois datant d'il y a plus de 4000 ans.

Grille No 6, église orthodoxe au nord de Thèbes/Louxor

Il semblerait que ce furent les anciens Egyptiens qui se rendirent compte de cette nouvelle grille et commencèrent à l'utiliser pour placer et orienter des lieux de culte. C me rendit attentif à cette église orthodoxe tout près de Thèbes au bord du Nil. J'y ai trouvé un très grand élémental du la terre avec son cercle d'action de 60 km de rayon.

J'ai constaté une croix de la grille No 6 centrée sur cette église orthodoxe. Pour le moment je n'ai pas trouvé cette signature utilisée ailleurs en Egypte.

C me confirma à nouveau que cette grille énergétique avait été mise en place par la Déesse de la Terre avec l'aide des très grands élémentaux de la Terre. Les cercles de Trônes par contre ayant été installés par ces hauts anges.

L'histoire selon C : L'enseignement des 3 initiations (nommés plus tard les 3 cercles druidiques) aurait commencé en Egypte il y a environ 5200 ans. Ces enseignements étaient simples, évidents et basés essentiellement sur des expériences. Ils le sont encore de nos jours. Il y a donc 4200 ans que cette grille no 6 fut montrée aux humains, tout d'abord aux prêtresses du culte d'Isis en Egypte. A l'endroit de cette église orthodoxe aurait été construit un lieu de culte d'Isis dans lequel le savoir des 3 initiations et de cette grille n° 6 étaient connus. Il y a à peu près 3900 ans ce savoir aurait été introduit à Eleusis près d'Athènes. La grande période de l'enseignement des 3 initiations y aurait été entre 659-397 avant J.C. Le culte d'Isis eut plusieurs noms à Eleusis comme Déesse de la Terre ou Dea Mater. Ce qui devint plus tard Déméter. Le noir resta cependant l'attribut de cette déesse féminine. Vers 1200 ans avant J.C. le nom de 'Vierge Noire' aurait commencé à être utilisé.

C'est à peu près à cette même époque que le culte de la 'Vierge Noire' arriva à Alésia en France, cet important centre spirituel du continent. Au vu des échanges commerciaux et culturels intenses entre les Grecs et la France Celte cela n'est pas étonnant. Vers l'an 900 avant J.C. il y aurait eu à Alaise une apparition de la Déesse de la Terre sous sa forme de Vierge Noire. Depuis ces temps le culte de la Vierge Noire y fut ancré et se propagea vers le reste de la France ainsi que vers la Suisse en même temps que l'enseignement des trois cercles druidiques. (voir page 114)

5.1.15. **L'apparition de la grille No 10 en 1940**

Je dois repenser souvent à cette phrase de notre maître Bob Moore : "C'est l'énergie qui nous enseigne." La découverte de la grille no 10 m'a à nouveau étonné. Bien que je l'aie aperçue sur pratiquement tous les lieux sacrés trouvés sur Google Maps, la surprise arriva lorsque j'ai demandé à C depuis quand cette grille était en fonction. La réponse fut : "Depuis septembre 1940."

Cette grille du mental supérieur a été placée sur les endroits les plus importants par les anges Trônes et la Vierge Noire. Cette année 1940 a été un moment charnière dans l'histoire du monde, lorsque la pensée fasciste a failli prendre le contrôle de toute l'Europe ainsi que des principales puissances du monde. Si

Photo : l'abbaye de Clairvaux. Elle est placée et orientée selon la grille 6 mais n'a pas de cercles de Trônes.

durant cet été 1940 les troupes fascistes avaient terminé leur occupation de l'Europe continentale, des groupes de résistance commencèrent à s'organiser çà et là. Septembre 1940 fut un moment crucial.

Dans le chapitre 4.12. j'ai expliqué cela avec l'exemple de Czestochowa/ Auschwitz. Dans la terminologie de Rudolf Steiner la pensée ahrimanienne risquait de prendre le dessus. Il s'agit d'un système de pensées matérialistes qui ne laissent pas d'espace à la créativité individuelle. Dans sa forme la plus extrême nous deviendrions des robots, soumis à une seule autorité, celle de cet être intrusif nommé Ahriman. En ce mois de septembre 1940 il était devenu urgent d'y opposer une autre pensée.

L'introduction de cette grille No 10 à ce moment crucial est pour moi une preuve impressionnante de la présence de la dimension Divine.

5.1.16 L'apparition des Dagdas vers 2004
Les Dagdas ont été créés par la Vierge Noire vers 2004. Ils contribuent à la coopération entre les humains et la dimension invisible. Je les ai présentés en détail sous 3.3.

5.2. Les causes endogènes   (d'origine humaine)
Par 'causes endogènes' je comprends des changements largement provoqués par les humains. La liste est longue : pollutions de la terre, des eaux, de l'air, chimiques, perte de biodiversité, extinction d'espèces, raréfaction de l'eau potable, etc. La surpopulation de la terre en elle-même contribue pour beaucoup à ces problèmes. Je ne vais me pencher que sur quelques exemples. D'autres ont fait des états des lieux plus complets et de manière plus compétente. Prenant les points de vue qu'offre ce livre, il n'est pas difficile

d'imaginer les sujets de coopération nécessaires à une régénération des divers équilibres.

D'après le Prof. Claudia Von Werlhof, présidente du « Mouvement planétaire pour la Terre Mère », il y aurait de nombreuses actions humaines, peu connues du public, mettant en danger la planète. Ainsi les quelques 2000 explosions nucléaires auraient au fil du temps sérieusement endommagé la couche protectrice d'ozone et non les gaz CFC. Ce professeur se base entre autres sur les travaux du Dr. Rosalie Bertell, auteur de « Planet Earth : The Latest Weapon of War ».

5.2.1. **Epidémies et liens avec les déséquilibres planétaires**

Dans mon livre 'Un Pont vers le Ciel' C expliqua les causes profondes de certaines grandes maladies et épidémies contemporaines. Certaines ont été causées par le non respect des cinq éléments. Le cancer par exemple semble avoir un lien avec la façon dont nous abusons de l'élément *eau*. Au sujet d'Ebola C a commenté la déforestation excessive des forêts premières, ce qui a forcé les chauves-souris porteuses du virus d'aller vers des zones habitées. [6]

5.2.2. **Guerres et conflits**

Les traces énergétiques/émotionnelles des guerres restent durant des siècles sur les lieux. L'histoire locale joue également un rôle : des blessures, visibles ou non, de membres de la communauté locale peuvent nécessiter des actes de guérison collective encore longtemps après les évènements. Voir aussi 5.2.4.

5.2.3. **Espèces envahissantes** (plantes et nuisibles)

Le commerce mondial ainsi que le tourisme amènent des nuisibles et des plantes ne faisant pas partie de notre flore naturelle. La pyrale du buis (Glyphodes perspectalis) en est un exemple. Cette chenille attaque les buis en Europe depuis environ 2005. Je ne suis ni jardinier ni spécialiste de la lutte contre les nuisibles. Mais étant donné que le jardin d'une amie souffre beaucoup de ces chenilles je me suis mis en contact avec la Déva de ce groupe de buis.

Elle m'a dit que le problème était localisé dans la couche de l'éther réflecteur (éther de chaleur), qui entoure la plante. Cette couche est une interface vers les influences provenant du cosmos ; dans le cas de la pyrale des buis il s'agirait d'ET's intrusifs. La raison de leur activité m'échappe. La Déva m'explique cependant qu'il est possible d'activer une protection partielle en demandant de l'aide aux Dynameis (sphère 15). Je l'ai fait en y joignant ma prière. J'ai alors perçu comme un scintillement argenté dans la couche de l'éther réflecteur. Cela a duré quelques minutes. Lorsque cet effet s'est estompé j'ai demandé si la protection serait maintenant efficace : "...oui, mais seulement à 83%." La protection n'est donc pas complète et ceci est dû en partie au fait que cette maladie est très récente et que les Dévas sont en train de l'étudier. Par mesure de sécurité je demande si l'utilisation de produits chimiques nuirait à la protection énergétique. "Non. Mais il serait bon de donner une chance à cette protection énergétique et d'observer régulièrement ces buis pour voir comment cette protection réussirait."

Ce procédé peut sembler extravagant, mais ne l'est pas au fond. Les conditions d'une coopération entre humains et êtres de la dimension Divine restent les mêmes : une motivation pure, non-égotique, pas de préjugés envers les êtres non-visibles et d'apriori envers nous-mêmes (pas de sentiments d'infériorité p.ex.). Quelques connaissances des champs énergétiques sont également utiles. Voir chapitre 1.4. J'y joins toujours une prière. Afin de pouvoir identifier les êtres en question, nous pouvons p.ex. utiliser un pendule, un lobe-antenne ou notre intuition avec la liste dans l'appendice. C'est ainsi que j'ai trouvé ces êtres de la sphère 15 dont je parle plus haut.

5.2.4. Anges déchus des églises et autres lieux de force

Dans plusieurs églises des alentours ainsi que dans un lieu de force au pied de grandes falaises je me suis aperçu de la présence d'anges déchus. La plupart des gens ne s'en rendent pas compte. Quelques personnes plus sensibles sont obligées de quitter les lieux très vite, se sentant mal. Dans les églises ces intrus se placent généralement juste devant l'autel, usurpant un endroit réservé au Christ et à ses représentants. J'ai pu observer ce phénomène d'anges déchus dans cinq églises en Dordogne, dont une cathédrale. Pendant que l'ange de l'église attend dehors, l'ange déchu s'installe près de l'autel. Cet ange disparait temporairement lors d'une messe, le prêtre contribuant à une purification temporaire de l'autel. Pendant le temps de la messe l'ange de l'église peut reprendre sa place attitrée.

Là où j'en ai observé, ces anges déchus y étaient à cause d'un crime commis dans ces lieux ou dans les environs immédiats avec le savoir des gens d'église. Les faits peuvent remonter à fort longtemps, 800 ans sur un de ces lieux, donc juste au temps de la croisade contre les cathares.

Dans un seul de ces endroits nous avons pu faire un rituel de guérison, car ailleurs il n'y avait plus personne pour se rappeler des faits. Nous nous sommes donc excusés pour ces faits au nom des êtres humains qui les ont commis. Dans deux autres lieux cela n'a pas été possible, car des représentants de la communauté locale ou de la paroisse devraient apparemment y participer. La raison étant probablement qu'il existe encore des traces écrites ou orales quelque part au sujet des faits. Ainsi de tierces personnes ne peuvent généralement pas remplacer la responsabilité des communautés locales. Mais comme les êtres humains ne sont pas toujours très courageux pour s'excuser, et peut-être encore moins dans le cas de l'église, ces endroits risquent de rester pollués encore bien longtemps.

Ceci est d'autant plus regrettable que tous les visiteurs risquent d'être affectés par cette présence. Un ange déchu cherche en effet à miner la foi des humains. Ils le font, dans ma compréhension, en somme pour rendre attentif à une disharmonie qui demande à être réparée et au lieu qui a été désacralisé. L'ange de l'église n'est jamais très loin. Dans le cas de la cathédrale il attendait devant la porte. Le niveau d'énergie près de l'autel et d'une manière plus générale dans toute l'église est dramatiquement bas.

Concernant le lieu de force près de grands rochers, l'ange déchu se trouve à la place centrale où les gens ont l'habitude de se rassembler autour d'un feu. Il y a également un ange 'blanc' tout près dans les buissons. Comme dans les églises il a été chassé par l'ange déchu, très probablement aussi à cause d'un crime commis en ces lieux. Les lieux sacrés sont sous notre responsabilité et demandent notre participation active.

5.2.5. Catastrophes naturelles
Nous pourrions être tentés de penser que les catastrophes naturelles ne sont dues qu'à des facteurs exogènes, donc

occasionnées par des êtres de la dimension Divine ou des esprits de la nature. Nous ne serions alors pas loin de vite pouvoir désigner un coupable extérieur. La vérité devrait être un peu plus complexe et démontrer que nous humains sommes parfois à l'origine, parfois coresponsables de bien des catastrophes. Dans certains cas cela est plus facile à comprendre lorsque les humains ont bétonné et asphalté de vastes surfaces, détruit les bassins naturels de rétention ou déboisé sans réfléchir aux conséquences. Les pluies ne pouvant plus être retenues dans les sols ni s'écouler normalement, des inondations peuvent devenir plus fréquentes. Si en plus les communes ont laissé construire dans des zones inondables, les désastres sont programmés. Voir l'excellent livre de Jane Roberts : "The Individual and the nature of massevents." [13]

5.2.6. La dégradation de la qualité de nos sols
Nous avons étudié l'eau, l'air, la lune mais nous ne savons pratiquement rien sur la microbiologie des sols. Cela nous a fait utiliser des méthodes dans l'agriculture qui ont conduit vers un appauvrissement catastrophique de nos sols : érosion, destruction de la faune et de la flore du sous-sol dont nous ignorons largement l'existence et le fonctionnement. Voir les travaux de Claude et Lydia Bourguignon [18] (youtube)

L'immense souffrance du monde ne trouve son égal
que dans l'amour sans limite de la terre mère.

Daniel Perret – Guérir la Terre

Chapitre 6

Soins à distance - prière - rituels de guérison

Sans aucun doute il nous est possible d'exercer une influence sur notre propre foyer, sur les choix de nos achats, des emballages, notre consommation, et dans une certaine mesure aussi sur notre environnement proche et notre écosystème. Comme disait Tich Nat Han :

> « Pour la Paix, chaque pas compte ».

Dans ce chapitre j'aimerais résumer le travail énergétique concernant la guérison de la terre et en quoi nous pouvons y contribuer personnellement. Cette contribution est en fait la plupart du temps très facile.

6.1. Les soins à distance

Je préfère le terme 'soins à distance' à celui de 'guérison à distance'. J'en parlais au sujet de ce verbe perdu 'sanar' page 139, qui a été remplacé par 'guérir', qui était empruntée à une attitude guerrière et voulait dire 'se défendre contre' une maladie p.ex. Car il ne s'agit pas en premier lieu de guérir, mais de contribuer à envoyer de l'énergie bénéfique, permettant de redevenir 'saints' d'esprit et de corps. Mais 'sanisation à distance' n'est pas possible non plus.

Depuis bien des années les soins à distance font partie de mes tâches journalières. D'une part je suis membre d'un groupe de guérisseurs qui chaque matin de 8h à 8.15h envoie des soins à distance aux participants figurant sur une liste. Cette liste là est mise à jour par un centre de guérison spirituelle. J'y ajoute ma propre liste de noms. Les receveurs doivent demander de figurer sur ces deux listes.

Les soins à distance sont différents de la prière. Les personnes receveuses doivent activement chercher à être ouvertes afin d'être réceptives à l'énergie dirigée vers eux par le groupe de guérisseurs. Le respect du libre arbitre étant l'une des conditions. Il y a cependant des exceptions. Nous pouvons inclure p.ex. des pays entiers, des zones de conflit, des animaux, des esprits de la nature, etc. auxquels nous ne pouvons pas demander l'adhésion à notre liste. Nous pouvons également y inclure des personnes qui momentanément sont incapables de formuler une telle demande : de petits enfants (dans ce cas ce sont les parents qui doivent en formuler la demande), des personnes dans le coma ou décédés récement, etc. dont nous pouvons raisonnablement supposer qu'ils n'ont rien contre le fait de recevoir l'énergie de soins à distance.

Dans son mode opératoire les soins à distance sont cependant comparable à la prière. Des recherches scientifiques ont démontrées que les effets de prières peuvent être mesurés sur de très grandes distances. Pour les personnes concernées le tout est fondé sur de la foi et de la confiance. Certains ressentiront l'énergie générée, d'autres, comme moi-même, trouveront cela dans l'immédiat plutôt difficile. Cependant cela ne me laisse pas douter de l'efficacité des soins à distance ou de la prière. Depuis que je m'intéresse à l'énergie et aux soins à distance je sais que j'ai une façon individuelle de ressentir l'énergie. Effectivement chacun de nous a une autre façon de faire l'expérience de l'énergie, sans qu'une façon soit meilleure qu'une autre.

Le 15.4.2018, j'ai mesuré l'énergie générée par le groupe de guérison en unités de Bovis avec l'aide de C. L'échelle de

Bovis n'est dans ma compréhension pas un moyen objectif de mesure dans le sens habituel. Les résultats obtenus diffèrent d'une personne à l'autre. Mais cette méthode de mesure donne à la personne un moyen efficace de comparaison entre deux phénomènes mesurés ou entre des mesures prises à des moments différents.

Etant donné que les mesures en unités de Bovis sont définies par rapport à la personne mesurant, je dois expliquer le graphisme qui suit. Les unités de Bovis (BU) y figurent en 1000 BU. Dans mon expérience personnelle des valeurs dépassant les 100' BU (donc 100'000) sont considérables. J'ai vérifié ces mesures en parallèle avec mon lobe-antenne Hartmann en tant que distance entre ma main gauche et le lobe-antenne au-dessus dans ma main droite. Cette distance est d'environ 1 m lorsque je mesure 120' BU. De nouveau dans mon expérience personnelle, en comparant avec d'autres lieux et situations, ceci correspond à un niveau d'énergie élevé. Je peux ressentir le niveau d'énergie à différents moments d'une méditation comme un état électrique intérieur, durant lequel je me sens en attention accrue.

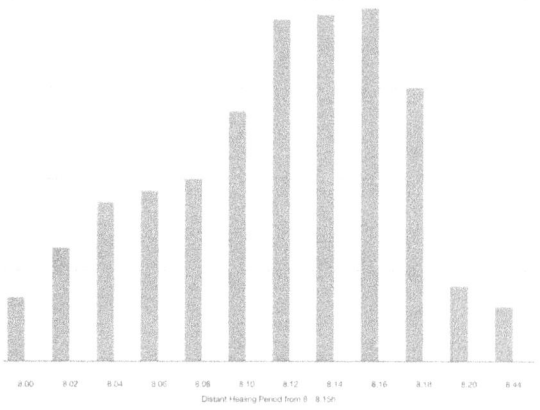
Mesures de l'énergie de guérison à distance en unités de Bovis 15.4.2018

J'explique tout cela, car les soins à distance sont un excellent moyen d'action en ce qui concerne la guérison de la terre, tout du moins dans certains aspects. J'y reviendrai sous 6.8. lors du travail avec le cristal.

6.2. Une variante de la méthode biodynamique

Sans rentrer dans les détails des différences entre une agriculture biologique et biodynamique, j'aimerais présenter le travail d'amis en Dordogne. L'entreprise Altaïr [c] cultive depuis plus de vingt huit ans à Liorac sur Louyre avec succès un jardin de plantes médicinales et aromatiques. Patrice Drai a, pendant des années, travaillé en conscience avec les êtres de la nature et une bonification de l'eau d'arrosage dite 'eau informée'.

Ce travail avec l'eau a attiré un **élémental de l'eau** (voir symbole de la goutte sur la photo), qui jusque là était domicilié à environ 1 km au bord du ruisseau de la Louyre. Avant lui **l'élémental de la terre** était venu se placer (le carré). Puis sont venus les deux autres **élémentaux de l'air** (5 pétales) et **du feu** (la rose dans la forêt au-dessus), dans cet ordre.

Sur la photo du champ cultivé dans sa clairière, on voit six esprits christiques de la nature (photo à droite : petits traits blancs et en bas à gauche, en bordure de forêt, la Déva de la parcelle entière ; colonnes photo p. 90.) Cette accumulation de plusieurs esprits christiques de la nature est exceptionnelle, car ils sont assez rares. Pour comparer, nous avons sur notre terrain un seul esprit de ce genre, ce qui est également assez rare, mais qui s'explique probablement par le travail que nous faisons avec le cristal, les Dévas et les anges du paysage de la région. Il y a lieu de penser que leur présence indique qu'ils pensent ces deux lieux propices à l'enseignement des quatre autres types d'esprits de la nature.

Dans les photos qui suivent on voit l'impressionnante différence entre deux cultures d'une même espèce, l'une 'informée'/ 'reliée', l'autre non. Voici le résultat comparatif des deux traitements de plants de la grande mauve : bac de droite plants 'reliés' ou 'informés', bac de gauche plants 'non reliés' et ceci sous exactement les mêmes conditions. Nous ne voyons ici forcément que l'aspect visuel. En outre, il y a les aspects gustatifs, olfactifs et de vitalité de la plante. De même nous avons les résultats comparatifs sur de l'échinacée (rangée de gauche dite 'reliée', droite non-reliée)

Photos : P. Drai

Le travail de 'relier' ou 'd'informer' des plantes

Selon la démarche d'Isabelle et Patrice Drai d'Eyssal ce travail consiste – essentiellement au stade de la graine - à accompagner les plantes mentalement avec l'imagination de la forme accomplie de la plante, invitant la dimension divine ainsi que l'intelligence de la Déva de la plante à pleinement participer à une co-création. Cette démarche inclut, par son intention, une forme de prière, invitant lumière et amour à pleinement investir la plante.

Dans un premier temps Patrice visualise mentalement la plante poussant jusqu'à atteindre sa forme complète, racines, tiges, feuilles et fleurs. Ceci correspond à imaginer mentalement l'archétype complet de la plante. Puis dans un deuxième temps il ajoute la dimension de lumière et amour jusqu'à ce que l'image de la plante devienne en quelque sorte lumineuse et investie de vie. Cette phase est essentiellement 'une affaire de cœur'.

6.3. Croyance, Amour et coopération

La coopération avec tous les êtres habitant un paysage n'est en soi pas très compliquée. Il suffit d'être conscient de leur présence, que nous les percevions ou non. De savoir qu'ils existent et quel est leur travail facilite de les intégrer dans nos considérations et actions. Bien des jardiniers amateurs ont une relation d'amour avec leurs fleurs et leurs potagers ….et leur parlent de temps en temps. Il n'est pas important qu'ils en sachent très long sur les esprits de la nature. Tout naturellement c'est l'amour qui entre en jeu. J'ai mentionné des exemples de coopération au niveau de villages ou de quartiers (page 69). Les êtres invisibles sentent immédiatement lorsque nous avons des pensées chaleureuses envers eux et que nous cherchons à coopérer avec eux. Ils en sont ravis et toujours prêts à nous aider. Il se peut que nous ne nous apercevions pas toujours de la provenance de certaines de nos idées. Mais ces êtres font tout pour nous faire parvenir leurs impulsions, dès qu'ils savent que nous les sollicitons sciemment ou non. Ces impulsions peuvent nous parvenir sous forme d'un ressenti, d'une idée soudaine, d'une intuition. Ce n'est que très rarement que nous nous soucions de leur provenance. Tous ce qui compte est d'ouvrir notre cœur et de le laisser agir et parler en ne retenant pas nos pensées de gratitude, d'émerveillement, d'appréciation par rapport à leur travail : fleurs, arbres, légumes, vallées, rivières, animaux, etc.

Au fond de la vallée de Valojoulx, non loin de Montignac, il y a une réserve naturelle qui comprend une série d'étangs. L'ange de la vallée du Turançon s'y est établi ainsi que l'ange de cette réserve. Ce dernier est ravi que 78% de son énergie atteigne ce paysage et que les plantes, animaux et visiteurs puissent en bénéficier. Voici donc un très bel exemple, comment dans certains endroits comme des parcs nationaux et réserves naturelle, l'énergie d'inspiration spirituelle peut s'épanouir. Près de l'un des étangs on trouve même un buisson à elfes. Lorsque l'an passé il y a eu des travaux avec des tractopelles, cela a été de trop pour les elfes. Elles ont trouvé temporairement un autre petit bosquet à quelques centaines de mètres de là. La petite forêt magique du magicien se trouve également au bord d'un de ces étangs.

6.4. Les fluctuations dans l'énergie de l'ange de l'Europe en 2015 et 2016

J'aimerais brièvement revenir sur l'ange de l'Europe et la façon de soutenir son action. J'ai décrit les fluctuations de l'utilisation de son énergie et leurs raisons (voir page 74). Nos propres actions, paroles et façons de penser au sujet de l'Europe ont une influence non négligeable sur l'utilisation de son énergie. En fait, c'est la somme des attitudes des citoyens d'Europe qui déterminent le taux d'utilisation de l'énergie de cet ange. Nous y contribuons d'une manière ou d'une autre lorsque nous intervenons à ce sujet dans des discussions avec des amis, sur les réseaux sociaux ou autres mass-médias, mais aussi lorsque nous participons à des discussions lors de réunions publiques ou p.ex. sur les pages de la commission européenne, lors d'élections pour le parlement européen etc. A la suite des évènements décrits sous 3.2.6. (page 74) de nombreux groupes de citoyens se sont créés un peu partout en Europe qui se sont donnés comme tâche d'intervenir dans le destin de l'Europe. Si nous abandonnons le champ aux seuls eurosceptiques et plus généralement aux gens qui s'adonnent aux critiques perpétuelles, cela est également un acte politique de notre part.

6.5. L'utilisation de l'énergie des anges de villages, quartiers et villes

Ce que je viens de décrire sous 6.4. compte également pour notre environnement direct, politique, socioculturel etc. Chaque individu contribue à l'énergie et à l'esprit de son environnement.

6.6. Méditations utilisant sons et voix

Depuis de longues années je m'intéresse en tant que musicien aux effets subtils des sons et de la musique. J'ai enseigné et écrit sur ce sujet (livres téléchargeables gratuitement sur mon site web). Je n'ai aucun doute qu'une musique authentique, qui reflète nos sentiments profonds, a des effets sur notre environnement proche et lointain.

Pour expliquer mon propos voici une expérience que j'ai faite avec trois cristaux (page suivante). J'ai déjà expliqué comment une ligne d'énergie s'établit entre trois pierres, lorsque nous les plaçons sur une ligne et y ajoutons de l'intention. J'avais montré comment cela se produit même entre banques, églises, etc. (voir pages 169)

J'ai refait l'expérience avec trois cristaux. Après à peine une minute une ligne d'énergie devient palpable. Je mesure sur cette ligne 28 BU (unités Bovis). Puis je passe mes doigts sur la ligne pendant une minute et visualise de l'énergie d'amour-lumière-vérité circulant le long de la ligne. Je mesure à nouveau et arrive à 90 BU. Dans une troisième phase je chante spontanément quelques sons pour cette ligne durant environ une minute. Je mesure maintenant 150 BU sur la ligne. Une

heure après je mesure toujours encore 120 BU. Le jour d'après ce sont encore 80 BU. Cela nous donne une idée des effets combinés de notre pensée, de sons et de notre ressenti.

Dans mon livre sur la création de l'art divin j'ai exploré en détail la provenance de nos inspirations et intuitions avec l'aide de C.[9] J'y ai également analysé les phases d'inspirations intervenant tout au long d'un même morceau de musique. J'ai aussi fait cette analyse avec un morceau d'Arnold Schönberg 'Le Passé' que vous pouvez écouter sur ma page web.

https://vallonperret.wixsite.com/vallonperret/how-to-create-divine-art

Dans cet exemple interviennent trois niveaux d'inspirations : niveau 12 avec les anges du type Archaï, niveau 13 avec les Kyriotetes, et niveau 17 avec les Cupidos (voir appendice). Ce sont les indications de C. J'aurais beaucoup de mal à écrire moi-même quelque chose de pertinent à ce sujet. Toujours est-il que j'ai alors demandé à C dans quelle mesure ce morceau de musique, lorsqu'il est bien interprété, influence à son tour ces trois niveaux d'inspiration. Et voilà que C, à mon étonnement, me confirme ce que j'avais déjà entendu Ignace de Loyola dire lors d'une canalisation de mon amie Eva Høffding : Lorsque nous nous ouvrons à la dimension divine, une circulation se crée entre ces êtres et nous, et cela dans les deux sens. Une interprétation réussie réjouit ces êtres tout autant que nous.

Nous utilisons ce même phénomène lors du travail de notre groupe de guérison, lorsque nous jouons ou chantons en improvisant sous l'inspiration d'esprits de la nature de tout genre. Trop souvent nous avons la tendance de nous sentir incapables et inférieurs pour accomplir de telles actions. Cela est cependant déplacé lorsque nous établissons une coopération chaleureuse avec des êtres de la dimension divine ou des esprits de la nature. Toute prétention le serait bien entendu également.

Des improvisations ressenties, que ce soit du chant (toning, chanting, improvisation authentique) ou de la musique instrumentale n'ont probablement pas de limites à leur action dans la revitalisation et la guérison du paysage. Il est relativement facile de joindre une intention imprégnée de l'énergie de lumière-amour aux sons, que ce soit une salutation, des mots de gratitude, de bienvenue ou tout autre souhait de réparation d'une blessure dans la nature.

6.7. Le travail de soins à l'aide du cristal

Les rencontres que je fais avec le cristal ne cessent de m'étonner. Elles se manifestent au niveau énergétique et sont observables par toutes les personnes présentes. Les lignes d'énergie qui convergent vers le cristal sont un pont perceptible vers l'invisible. Elles sont d'une valeur inestimable. Ce type de cristal de roche est un excellent outil pour la guérison de la terre, car il aide à créer des liens et facilite la communication. Le Dagda nous y aide beaucoup. Voici un aperçu des différents types de lignes que j'ai pu observer.

6.7.1. Phénomènes énergétiques autour du cristal

Lors du travail avec le cristal apparaissent différents phénomènes énergétiques. En voici un aperçu ainsi que leurs significations. Le Dagda me dit que ces signatures énergétiques sont universelles et donc pas limitées à mon expérience personnelle. C confirme. Quelques-uns de mes stagiaires ont entrepris un travail similaire chez eux à la maison en utilisant un cristal de roche.

Ligne de 2 cm d'épaisseur	= Dévas de parcelle
Ligne de 11 cm d'épaiss.	= anges du paysage
Segment de 30°	= des très grands élémentaux
Segment de 60°	= les anges régionaux
Segment de 120°	= ange d'une nation
Segment de 90°	= ange d'une nation ethnique
Ligne devenant cercle	= ange d'un continent / guérison globale
Ligne de 180°	= connexion globale concernant tous les très grands élémentaux d'un des cinq types

Chaque fois on m'instruit, à l'aide de mes questions en oui et non et de mon lobe-antenne Hartmann, de ce qu'ils attendent de moi. Même si j'essaye de comprendre quelle est exactement ma contribution dans ce rituel de guérison, le tout reste un mystère. Entretemps je me résigne à simplement constater que ces êtres doivent très bien savoir ce qu'ils veulent et connaître l'utilité de ma contribution. Le fait qu'ils continuent de venir vers moi avec des demandes précises m'indique qu'ils savent très bien ce qu'ils font.

Avec ces interventions nous ne sommes pas loin de la prière et des soins à distance dont nous pouvons comprendre à peu près le fonctionnement. J'ai l'habitude de me comparer à une ancienne centrale téléphonique où je serais employé comme opérateur entrain d'établir des liaisons entre appelant et spécialiste à l'aide de câbles et de prises. Le reste, et certainement l'essentiel, se joue après entre les deux.

6.7.2. **Méditations sur l'énergie**

Je nomme 'méditations sur l'énergie' ces interventions qui sont nées de ce travail avec le cristal et qui inclut des points d'énergie précis dans nos champs énergétiques. Lors du travail avec les très grands élémentaux et les anges régionaux c'était des triangles, avec les anges des nations il s'agit de deux points, dont l'un se trouve normalement au-dessus de la tête et l'autre sous nos pieds. Le processus avec les triangles demande un peu d'expérience dans le travail de transformation personnelle avec les cinq éléments (terre, eau, feu, air et espace). Nous devons au préalable avoir effectué du moins partiellement la transformation de ces éléments en nous. Cette transformation demande un bon contact d'une part avec le chakra correspondant ainsi que la zone du corps attenante. Cela demande d'autre part également un bon contact avec tous les autres chakras. Car une vraie transformation intègre tous les sept chakras principaux. (voir 4.1.1. Les 5 éléments et les zones de notre corps)

En plus du travail de transformation il est aussi nécessaire de se laisser le temps de construire un bon contact avec les points d'énergie en question. Cela implique de pouvoir faire l'expérience d'un contact ressenti et d'avoir appris comment laisser la 'radio intérieure' perdre de son énergie.

La méditation sur l'énergie en elle-même, décrite dans le cadre du processus de soins à distance, est relativement facile. Elle dure environ 5 minutes et comprend

1. une formule d'introduction, comme j'en présente une plus loin avec la prière
2. la construction mentale d'un triangle puis l'établissement d'un contact ressenti avec chacun des trois points du triangle
3. la prière de votre choix

Personnellement je ressens que l'essentiel se fait lors de la phase de la prière. C'est lors de cette phase que le courant passe entre 'le haut' et le demandeur d'aide. Je confie alors la guidance totalement à la dimension Divine. Cela me semble juste, car je n'ai aucun autre moyen ni de connaissances pour m'immiscer autrement dans le processus. De toute évidence je sers comme intermédiaire ou médiateur durant cette méditation sur l'énergie. Ma présence physique aide à ancrer et transmettre cette énergie pour un usage sur terre.

6.7.3. Guérison globale
Ce travail à l'aide du cristal arriva en avril 2018 dans une autre phase (voir page 184) qui ouvrit le chemin vers des soins à distance d'un type global. Je pense que c'était un Séraphin qui me montra que **les soins à distance à l'aide du cristal** :

1. pouvait être faite par tout un chacun
2. qu'elle devait prendre son point de départ dans l'environnement immédiat de la personne en incluant tous les êtres

3. qu'elle devait alors s'élargir afin d'inclure tous les êtres, régions et thèmes demandant de l'aide

Ceci m'apporta un soulagement. Car jusqu'à ce moment j'avais dû inclure une longue liste de noms, d'êtres, de régions à conflits et de thèmes que je récitais intérieurement. C'était devenu laborieux et devint soudainement très simplifié.
Je reste impressionné par l'intelligence avec laquelle ces êtres opèrent et arrivent à manifester des phénomènes aussi divers que précis autour du cristal.

Arriva alors cette ligne de 180°, qui passait à travers le cristal. Elle était au début à angle droit par rapport à notre petite vallée. Ce que j'interprétais comme demandant une approche locale pour débuter. Quelques minutes auparavant j'avais eu en méditation le mot 'Venise' et vu la flamme d'une bougie. Un très grand élémental du feu avec siège dans Venise cherchait à me contacter. Avec l'aide du lobe-antenne l'information arriva : ne pas contacter de points précis dans l'aura mais par contre prendre contact avec cet élémental puis élargir le processus vers tous les très grands élémentaux du feu de la terre. Cette ligne de 180° semblait donc m'inciter à élargir d'une manière globale les soins à distance du jour vers tous les très grands êtres élémentaux de ce type.

La signature énergétique la plus récente autour du cristal est une croix horizontale pointant vers les quatre directions. C commente : 'Cette croix signifie la présence du Saint Esprit'.

Ma compréhension de ces processus de soins à distance dans le contexte de la guérison de la terre est pour le moment la suivante : Il se crée petit à petit, au courant de notre pratique personnelle ou de groupe, un champ d'énergie du mental supérieur (voir p 258, appendice 6) qui inclut tous les liens nécessaires (thèmes, régions du monde, êtres de toutes sortes). Le tout est d'une complexité et efficacité qui normalement nous dépasse, mais qui est pris en charge dans un travail de coopération avec des êtres très évolués. La pureté de notre motivation et le niveau de transformation auquel nous avons accédé au cours de notre travail de transformation personnelle, créent toutes les conditions nécessaires. C'est un moi supérieur qui prend le contrôle. Nous n'avons donc pas à nous soucier du pourquoi et du comment autre que de construire cette ouverture du cœur, de notre foi et confiance.

6.8. Map-Art ou la carte de notre paysage invisible
En référence à la 'map art' des indiens Zuni (page 19) je suggère de dessiner des cartes de notre propre environnement. Ceci est un excellent moyen pour apprendre à connaitre les êtres et structures invisibles de notre propre paysage et de les ancrer dans notre conscience et notre cœur. Ce faisant il faut laisser assez de place à la dimension intuitive, utilisant des symboles, des histoires, des intuitions. Le côté intellectuel de la cartographie (distances, etc.) ne doit pas prendre le dessus. Ceci rappelle les lignes de chant, les 'song lines' des aborigènes d'Australie. Tous les peuples premiers et êtres humains qui ont un contact intime avec leur habitat aboutissent à ce genre de connexion vivante et chaleureuse.

6.9. Prière et travail énergétique
Au courant du travail avec le cristal les êtres de lumière m'ont montré différentes manières de travailler avec l'énergie. J'ai certainement pu profiter de mon expérience de travail personnel de transformation avec les chakras et les cinq éléments. S'y est ajouté mon travail de découverte des points sur le faisceau central au-dessus de la tête et en-dessous des

pieds. Ceux qui n'ont pas d'expérience personnelle du travail en ressenti auront très probablement au début des difficultés à avancer avec ce genre de travail énergétique. La guérison de la terre est en même temps une guérison spirituelle de nous-mêmes.

Il est utile et simple d'utiliser une prière. Chacun trouvera la sienne. J'utilise le 'Notre Père' tout en ayant changé la ligne sur 'pardonne-nous nos offenses' vers 'aide-nous à pardonner nos offenses'. Car je suis convaincu, que nous devons nous pardonner nous-mêmes avant tout et que ce pardon ne peut pas venir d'un Dieu ou d'un Grand Esprit.

> Notre père, qui est en Tout
> Que ton nom soit sanctifié
> Que ton règne vienne et ta volonté soit faite
> Sur la terre comme au Ciel
> Donne-nous aujourd'hui notre pain quotidien
> Et aides-nous à pardonner nos offenses
> Comme nous pardonnons à ceux qui nous ont offensés.
> Ne nous conduit pas dans la tentation
> Mais délivre-nous du mal.

Lors de soins à distance, les méditations sur l'énergie ainsi que pour la prière j'utilise l'introduction suivante :

> Du fond de mon cœur et avec l'aide des êtres de la dimension Divine
> Je prie pour que les êtres suivants puissent recevoir l'énergie de guérison dont ils ont besoin.

Dans sa forme la plus simple la **guérison pour la terre** consiste en les phases suivantes :
- nous poser dans notre silence intérieur
- ressentir le cristal dans notre chakra du cœur
- ajouter la formule d'introduction

- réciter ou contacter intérieurement la liste de noms, régions et thèmes que nous souhaitons inclure dans nos soins à distance ; cela peut s'inclure dans la forme globale (6.7.3.)
- 10-15 minutes de méditation durant lequel nous participons au courant de guérison

Conditions préalables

Pour participer à la guérison de la terre il n'y a pas besoin de cristal, ni d'autre objet, ni de perception de lignes d'énergie ou d'esprits de la nature. Chacun de nous y contribue automatiquement et naturellement à sa manière. Pour un travail plus pointu ou détaillé un cristal peut s'avérer être utile, car il facilite parfois le contact avec des êtres qui ont besoin d'aide ainsi que leurs lignes d'énergie. Les détails décrits sous 5.1.7. offrent simplement un aperçu dans un type de processus possible.

Dans ce travail de soins à distance chacun de nous, seul ou à plusieurs, finira par construire un propre champ mental d'énergie. Cela se fait naturellement et est une conséquence de notre travail de transformation personnelle.

En tant que harpiste je suis heureux de présenter la suggestion du Dagda d'utiliser la harpe et le cristal pour la guérison globale. Il suggère de jouer 10 minutes avec cette intention. Vous pouvez vérifier l'effet en comparant la présence et l'absence de lignes convergentes vers le cristal, avant et après les soins. Ca marche.
L'explication pourrait être qu'harmonie et sagesse sont inhérentes à la nature depuis la nuit des temps.

Voici une pratique simple (extrait de mon livre [7])

Pratique de générosité envers la terre et les êtres visibles ou non

Elle implique en même temps
une pratique d'ouverture du cœur, seul endroit à pouvoir
réconcilier souffrance et beauté,
dont nous sommes témoins quotidiennement :

Tout au long de la journée, lorsqu'on y pense, envoyer brièvement en pensée (ou parole et actions) des sentiments envers

- une fleur
- Un enfant,
- Un chient ou chat
- Un oiseau
- Un arbre
- Un passant
- Une colline
- Un court d'eau
- Un nuage
- Un artisan qui passe
- Une personne en stress ou souffrance que l'on croise
- Une personne qu'on aime
- Une personne qui nous dérange
- Un ancêtre
- Un être invisible
- L'ange d'une communauté
- Ou d'une église qu'on voie
- Une Déva d'une parcelle ou de plantes

Et ainsi de suite

Appendices

1. Les 21 sphères du champ divin

Le plan spirituel, que nous pouvons en partie comprendre comme étant identique au champ Divin ou à la dimension Divine, nous apparait dans la liste qui suit comme étant très complexe et structuré. Cela ne devrait pas nous étonner outre mesure, étant donné que ce plan nous est encore largement inconnu dans ces détails. Même nos hypothétiques débuts d'étude en microbiologie, physique nucléaire ou en conception d'ordinateurs nous obligeraient à changer notre façon de penser. Il va nous falloir bien des années pour nous y retrouver dans ce champ divin. De toute évidence C semble penser qu'il est temps de nous occuper plus de cette dimension et d'élargir notre horizon. Peu importe les forces que nous mettrons à essayer de comprendre cette dimension divine, cela ne nous réussira que très partiellement. Le mystère restera entier.

En tant que musicien et compositeur je travaille essentiellement avec de l'improvisation depuis bientôt quarante ans. Je voulais savoir d'où venaient nos inspirations et impulsions. Un jour donc j'ai demandé à C combien de niveaux ou sphères il y avait dans la dimension divine qui nous envoient des inspirations, intuitions, impulsions, etc. Ils m'ont tout de suite répondu : "21 sphères". Avec l'aide de C je me suis mis alors à comprendre quelles étaient ces 21 sphères. Ceci s'avéra être une tâche ardue, comme nous allons le voir.

Comme point de départ je me suis appuyé sur la liste connue de Dionysius Areopagita. Ce personnage vivait à Athènes du temps de Paul le disciple. Il devint plus tard le premier évêque d'Athènes. Il suggéra une liste de 9 niveaux d'anges. Il les nomma les 9 hiérarchies, ce qui indiquerait que chacune des sphères est en elle-même organisée à nouveau comme une hiérarchie. C trouva cette ancienne liste incomplète. Déjà Dionysius lui-même s'était plaint qu'elle était incomplète et que seulement Dieu lui-même pouvait vraiment savoir. Pour moi, comme probablement pour tous les artistes, il est intéressant de constater que C ait tout de suite introduit les Cupidons (voir sphère 17). La sphère 21 a été ajoutée comme la sphère de la Trinité. Nous avions alors déjà 11 sphères ou niveaux. C a aussi insisté sur le fait que les Kyriotetes n'étaient pas identiques aux Dominations et s'en distinguaient en ayant des tâches différentes.

Suite à mes recherches sur le monde des esprits de la nature et des grands élémentaux (voir chapitre 4 'La hiérarchie des anges dans la nature') C et moi avons ajouté en bas de la liste dix autres sphères ou niveaux.

Les êtres des sphères 17 à 20 sont, dans ma compréhension, les '**dirigeants**', donnant des directions et instructions de haut niveau ; les sphères 12 à 16 sont les anges '**administrateurs** ou **exécutants**' : les anges des sphères 1 à 11 les '**médiateurs**' ou '**intermédiaires**' entre les anges des sphères 12-20 et les êtres humains et les esprits de la nature. Afin d'éviter de trop voir le tout comme un classement, je préfère le terme 'sphère' à celui de 'niveau'. Chacune étant un milieu d'inspiration.

1 - anges du paysage
  - aura spirituelle et causale de l'être humain
  - Dagdas & Dévas
  - Esprit de l'époque
2 - les 3 couches temporaires de l'âme
  - karma de l'individu et du groupe
  - créateurs de forme
  - anges de petits lacs et de petites rivières
  - ange du désert Namibien
  - les animaux et leurs âmes-groupe

3   - sagesse et expérience des esprits de la nature
    - Kali (destruction et renouvellement) ; elfes
    - anges de lacs et rivières majeurs
    - anges des nuages strato cirrus
    - anges régionaux
    - anges des grands déserts (Gobi et Sahara)
    - très grands élémentaux (terre, eau, feu, air, 5ème type)
4   - inspirations provenant des êtres chamaniques de lumière
    - ange des forêts vierges d'Indonésie
5   - Sophia (sagesse)
    - certaines parties du subconscient collectif
    - force vitale
    - sagesse des animaux
    - anges des grandes forêts vierges (d'Amazonie, d'Afrique)
6   - ange ou esprit de la nation
7   - anges ou esprits d'un continent: Europe, Afrique, etc.
8   - couche d'Essence de l'âme, incluant l'innovation
    - respect de la vie et de la création
    - maître des esprits des objets, des machines et des sons
    - ange de la science, du savoir et de l'éducation
    - anges des océans :   Atlantique, Pacifique, etc.
    - anges des petites chaînes de montagnes : Pyrénées, etc.
9   - St. Bridget – déesse celte du printemps et de la Poésie (Ste. Brigitte d'Irlande)
    - anges des chaînes de montagnes majeures : Oural, Himalaya, Alpes, Andes, Rocky Mountains, etc.
    - Couche Divine de l'âme - l'harmonisation de l'âme de l'être humain avec la volonté divine
10 - ange de la planète terre
11 - anges des églises protégeant autels, statues, crucifix
    - certains Archanges : prière/sons (Sandalphon); bonnes nouvelles et créativité (Gabriel); espoir et aspirations (Ramiel); service (Jéhudiel); foi et force spirituelle (Saraquiel); justice et harmonie (Raguel); sagesse (Raziel); transformation de l'ombre (Binael); guérison (Raphaël); enseignements (Uriel), lumière (Michaël); volonté Divine (Hésédiel)
12 - Archaï – Seigneurs – instruisent les dirigeants de la

terre, des peuples et des communautés
13. - Kyriotetes : instruisent les anges; leur énergie est pure grâce
    - Transmission des enseignements du Christ
    - enseignements de la vitalité, de la joie de vivre
    - les énergies transmises par les signes du zodiaque
    - Ignace de Loyola, St. François d'Assise, St. Thérèse d'Avila, St. Hildegarde, St. Cécile, etc.
14. - Exusiai - Puissances : protection des sphères célestes de toutes influences négatives provenant des sphères terrestres, équilibre du monde entre les forces de l'ombre et de lumière.
15. - Dynameis - Vertus : dirigeant les cycles des planètes, harmonie céleste
16. - Dominations : dirigeant les anges de la terre, des continents et des nations
17. - Cupidons : hauts esprits des Arts, de l'Amour et de la beauté
18. - Trônes : anges ou esprits de la volonté divine et de l'énergie vitale, donnant des impulsions de direction pour l'humanité
19. - Chérubins : anges ou esprits de l'harmonie, du savoir et de la sagesse divine
20. - Séraphins : anges ou esprits de lumière et feu, igniteurs/éclaireurs, innovateurs
21. - niveau Divin : Vierge Noire, Christ, Créateur, Saint Esprit, Buddha, Allah, etc.

Ces niveaux ou sphères ne peuvent être perçus qu'à l'aide de l'éther réflecteur. Nos capacités de perception – p.ex. de cet éther réflecteur – s'élargissent et s'affinent à fur et à mesure du progrès de notre développement personnel. Les sentiments supérieurs nous arrivent par l'intermédiaire de la couche médiane de cet éther réflecteur – ils se composent de mots et de pensées ; par l'intermédiaire de la couche supérieure de cet éther réflecteur nous parviennent des sentiments qui se passent de mots et de pensées. Le niveau spirituel est une haute source d'inspiration. En même temps un morceau de musique par exemple aura également en retour des effets sur la couche d'inspiration d'origine. C voulait inclure des Cupidons dans notre liste, car ces esprits s'occupent plus particulièrement de l'art et correspondent de toute évidence à une réalité, même si cette catégorie d'anges nous avait échappé jusqu'à présent. Dans la mythologie romaine Cupidon est le fils de Vénus et enchante les humains avec ses flèches d'amour. Cette image ne montre qu'un aspect populaire et limité du potentiel des Cupidons. Ils font partie d'un niveau très élevé d'anges qui s'occupent principalement de la Beauté, de l'Amour et des Arts nobles.

Les exemples dans chaque niveau ne sont très probablement pas complets et devront être affinés avec le temps. La structure des niveaux ou sphères comprend un nombre de catégories de phénomènes parallèles :

1. la **hiérarchie des anges**, qui débute par des anges avec des compétences restreintes et va jusqu'à des compétences très larges qui incluent les neuf, voir 12 catégories connues d'anges.
2. les **champs d'énergie humains**, allant des champs intérieurs, près du corps physique jusqu'aux champs les plus éloignés
3. des **esprits** ne faisant pas partie des anges

Au fil de mes recherches j'ai rencontré des êtres qui ne faisaient pas partie des deux premières catégories du niveau spirituel et de ses 21 sphères. Ceci m'incita à introduire, toujours en étroite coopération avec C, une troisième catégorie : les Dévas, Dagdas, très grands élémentaux, les êtres chamaniques de lumière (êtres donc dédiés au principe d'amour et lumière et respectant notre libre arbitre) ; St. Bridget et Kali (deux des quatre reines ou sous-types de l'énergie féminine).

L'esprit d'une époque n'est pas un ange non plus. Il est normalement en lien avec toute la planète terre, mais un de ces sous-aspects peut également être lié à une ville particulière, une région ou une unité culturelle. L'esprit de l'époque est un conglomérat d'égrégores (formes pensées et émotions d'origines humaines) ainsi qu'une multitude d'influences provenant d'anges comme l'ange de l'évolution, des anges des sciences, de l'art, des intentions et d'autres impulsions divines. L'inspiration provenant de l'esprit d'une époque n'est donc pas une inspiration divine pure et peut également être dictée par la mode.

Dans mon livre 'Créer de l'art divin – sur l'origine de l'inspiration' je décris également deux autres sources d'inspiration : le **niveau mental** et le **niveau astral** d'inspiration. De toute évidence les œuvres d'art ne sont pas toutes inspirées du niveau spirituel. J'y décris également l'autre composante importante : dans quelle mesure des structures de l'égo de l'artiste amoindrissent la transposition de l'inspiration dans l'œuvre elle-même.

2. Interview avec un esprit de la nature

Le but de cet interview est entre autres de démontrer que, même s'ils sont invisibles, nous avons affaire à des êtres intelligents tout comme s'ils nous parlaient au téléphone. Ce n'est pas parce que nous ne les voyons pas que nous devons douter de leur intelligence et de leur existence.

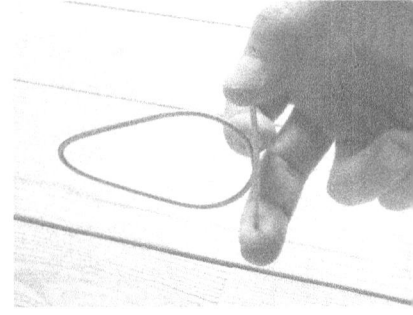

Je reçois leurs réponses en oui et non en utilisant mon antenne Hartmann (voir photo). D'autres médiums reçoivent eux des mots et phrases entières, ce qui ne m'est pas possible pour le moment. Le procédé utilisant une antenne Hartmann

demande des questions précises qui cernent pas à pas ce dont il s'agit. Le procédé peut sembler laborieux. J'ai voulu ici exceptionnellement montrer comment ce type de communica-tion se fait. Le lobe-antenne Hartmann fonctionne un peu comme un pendule. Il est bougé par des êtres invisibles à l'aide de mouvements dans le champ éthérique, une énergie très proche du physique.

Tout débuta lorsque je m'aperçus d'**une colonne d'énergie** derrière notre maison. Je voulais savoir de quoi ou de qui il s'agissait. (le montage photo ci-dessus montre cet esprit de la nature de type 5)

Quel type d'être es-tu ?
Es-tu un être ? – oui
Es-tu un être de lumière ? – oui   (par opposition à des êtres non respectueux)
Es-tu un être de la hiérarchie angélique ? – non
Es-tu un esprit de la nature ? – oui
Est-ce que tu fais partie des 5 catégories d'esprits de la nature liées aux cinq éléments – oui
Es-tu un esprit de l'élément terre – non
...de l'élément eau – non
...de l'élément feu – non
...de l'élément air – non
Es-tu donc un être du cinquième type – oui   (voir explication plus bas)
Es-tu un petit élémental de ce type – non
...un grand élémental de ce type – non

Daniel Perret – Guérir la Terre

…un très grand élémental de ce type 5 – non (il n'y en a que 3 en France)
…un élémental moyen de ce type 5 – oui
Existe-t-il des petits élémentaux du type 5, correspondant aux gnomes, ondines, salamandres ou sylphes – non
Donc, tu es un élémental moyen du type 5 – oui
Ta tâche principale est d'encourager la coopération entre les humains et les esprits de la nature – oui
Est-ce que ton positionnement est lié à un endroit fixe – non
Donc, tu n'es pas attaché à une plante, un arbre, etc. – non
Tu peux bouger librement et décider où tu veux être – oui
Le territoire dans lequel tu peux te déplacer est-il délimité géographiquement – oui
Est-il de l'ordre d'un kilomètre carré – oui
Mais on ne trouvera pas tous les kilomètres carrés un être du type 5 – non
Y a-t-il en ce moment **15 êtres du type 5 en Dordogne – oui**
Six d'entre vous se trouvent en ce moment sur le domaine d'Eyssal (voir photo page 90) – oui
(je n'ai pas énuméré toutes les questions qui m'ont permis de déterminer leur nombre. Je le démontrerai plus bas au sujet des années)

Ta raison d'être ici

Comptes-tu rester quelque temps derrière notre maison – oui
Es-tu là à cause de notre coopération avec les esprits de la nature – oui
Est-ce que tu fais davantage que de simplement observer – oui
Est-ce que tu apportes des impulsions dans notre travail – non
Est-ce que seulement les êtres de la hiérarchie angélique peuvent apporter des impulsions – oui
Est-ce que tu aides à faciliter la communication entre esprits de la nature et les humains – non
Est-ce que tu veux dire « pas du tout » - non
Ou veux-tu dire « pas exactement » - oui (c'est ça)

Est-ce que ton travail consiste à **expliquer aux esprits de la nature ce que nous faisons concernant la coopération** – oui
Est-ce ta tâche principale – oui
Est-ce que tu dois motiver les esprits de la nature à coopérer avec nous – non
Est-ce dû au fait qu'ils sont d'emblée motivés à coopérer avec nous – oui
Est-ce que tu dois leur expliquer notre façon de faire – oui
Est-ce dû au fait que tu comprends ces processus de coopération – oui
Es-tu passé par une formation pour ce faire et pour comprendre – non
Veux-tu dire que **cela est inhérent à ta nature en tant qu'esprit du type 5** – oui

Quand es-tu apparu ?
Es-tu, en tant qu'être du type 5, une création relativement récente – oui
As-tu été créé avant l'an 2000 – oui
…avant 1990 – non
…après 1990 – oui   (double vérification)
…avant 1995 – oui
…avant 1994 – oui
…avant 1993 – non
Tu as été **créé en tant qu'être en 1993** – oui
Est-ce que tous les êtres du type 5 ont été créés la même année – non
Est-ce que certains ont été créés avant 1993 – non

Ta raison d'être   2ème partie
Est-ce que ta présence ici consiste essentiellement à rassurer les esprits de la nature – non
Est-ce que ta tâche consiste à leur expliquer ce que nous faisons – oui
Ai-je oublié une tâche importante de ton travail – oui

Es-tu ici chez nous aussi pour apprendre comment cette nouvelle façon de coopérer fonctionne – oui
Est-ce que la raison principale de ta présence ici au Centre du Vallon s'explique par notre travail avec les esprits de la nature à l'aide du cristal – oui (il s'agit de soins concernant le travail des Dévas, anges du paysage et très grands élémentaux)
Est-ce le **Dagda** qui est à l'origine de ce type de travail de soins – non
Est-ce C qui est à l'origine de ce type de travail que nous faisons – oui
Est-ce bien toi, esprit du type 5, qui a répondu aux deux dernières questions – oui
Avons-nous suffisamment décrit ton travail ici – non
Est-ce que de faire remonter des informations vers des esprits du type 5 plus grands fait partie de ton travail – non
Est-ce dû au fait qu'ils savent instantanément ce que tu sais – oui
Est-ce que tu fais partie d'un groupe de travail avec d'autres esprits du type 5 – oui
Est-ce que ce groupe de travail étudie cette nouvelle façon de coopérer – oui
Avons-nous suffisamment cerné le type de travail que tu fais – non
Est-ce que tu enseignes aux esprits de la nature comment coopérer – non
Est-ce que tu es chargé de protéger ce processus de coopération d'êtres intrusifs – oui
Est-ce que tu veux nous en dire plus long sur ces êtres – non
Avons-nous maintenant cerné ton travail – oui

Est-ce que tu viens géographiquement parlant de quelque part – non
Est-ce d'autres êtres qui t'ont créé – oui

Est-ce des êtres de la hiérarchie angélique qui t'ont créé – oui
Est-ce des êtres appartenant à une **sphère** au-delà de la No 10 – oui
…au-delà de la sphère 15 – non / sont-ils la sphère 11 – non / de la sphère 12 – non / **de la sphère No 13 – oui**
Dans la sphère No 13 nous trouvons les êtres nommés 'Kyriotetes' – oui
Parmi les différents types de Kyriotetes s'agit-il de ceux qui sont chargés de répandre les vrais enseignements du Christ – oui
Est-ce la raison pour laquelle on t'appelle aussi **esprit Christique de la nature** – oui
Cette désignation est-elle liée à une qualité d'être plutôt que de désigner un membre d'une religion particulière – oui
Est-ce que des êtres du type 5 comme toi opèrent partout dans le monde – oui
Et cela n'a rien à voir avec le fait d'être Chrétien – non
Est-ce que des êtres du type 5 sont créés lorsque le moment est venu d'en placer un dans un nouveau territoire – oui
Est-ce que ta tâche consiste à apporter **amour, compassion, respect mutuel** et coopération dans la relation entre esprits de la nature et nous humains – oui
Est-ce que cela est l'essentiel de ton travail – oui
Pouvons-nous nous pencher sur la question du **pourquoi cette coopération est si importante pour notre époque** – oui
Est-ce que la raison en est que les humains doivent apprendre à être plus responsables et mieux instruits concernant leur relation avec la nature – oui
Afin que nous puissions davantage aimer, respecter et comprendre la nature et les processus qui y règnent – oui
Afin que nous puissions éviter de dégrader davantage la nature – oui
Afin que nous puissions apprendre à guérir la nature – oui

Afin que nous puissions être plus actifs dans **le rétablissement et le maintien d'une coexistence harmonieuse** – oui
Cela demande que les humains apprennent à faire appel aux forces de l'amour dans la nature (Dévas) pour qu'ils participent pleinement dans les processus de croissance et de guérison – oui
Afin que nous apprenions comment nos pensées et ressentis peuvent inviter ces forces bénéfiques à participer dans ces processus – oui
Tout cela va nous aider à mieux comprendre **le potentiel de nos pensées** – oui
Cela va contribuer à ce que nous obtenions de meilleures récoltes tout en utilisant moins de **produits chimiques** – oui
Pouvons-nous nous passer entièrement de produits chimiques dans notre coopération avec la nature – oui
Afin que cette coopération puisse pleinement être un succès et répandue il faudra encore bien du temps – oui
Un temps pour apprendre et faire nos propres expériences – oui
Pouvons-nous nous passer de cette coopération – non
Car cela engendrerait davantage de détérioration de la nature – oui
...davantage de détérioration de la qualité des sols – oui
...davantage de poisons dans notre nourriture – oui
...davantage de maladies – oui
En Dordogne nous avons relativement peu d'esprits du type 5 – oui
Est-ce dû au fait que ce processus d'apprentissage est si lent – oui
Est-ce que tu peux te déplacer en-dehors du kilomètre carré qui t'a été alloué – oui
Peux-tu être en différents lieux en même temps – non

Est-ce qu'il y a déjà bien des gens qui ont établi une coopération avec les esprits de la nature sans en être conscients – oui
Est-ce dû au fait qu'ils travaillent à partir de leur cœur – oui
Mais il semble crucial que davantage de gens apprennent à vous connaître et à coopérer avec vous – oui
Est-ce que la raison en est qu'une coopération consciente doit impliquer bien plus d'êtres humains – oui
Est-ce une telle volonté humaine qui indirectement va créer davantage d'êtres du type 5 comme toi – oui
En même temps il est important que cette coopération soit **basée sur le libre arbitre** – oui
Y a-t-il urgence pour davantage de coopération – oui
Est-ce en fait une course pour endiguer la dégradation de la nature, des sols, de la nourriture et de la qualité de vie – oui
Toute notre science de biologie doit être revue et mise sur ces nouvelles bases de coopération et de savoir – oui
Ce processus va nous permettre d'accéder au savoir et à la sagesse immense qui sont inhérents à la nature – oui
Des interviews comme celui-ci rendent notre contact plus réel – oui
Il est très important de documenter à l'aide de photos comparatives ce qui se passe par exemple pour des plantes avec (p. 223 bac de droite sur la photo du haut) et sans coopération (bac de gauche), comme cela est fait dans le travail à Eyssal – oui (voir aussi mon livre 'Accès aux mondes invisibles')
Est-ce que tu veux ajouter quelque chose – oui
Est-tu d'accord que je publie cette interview – oui
Veux-tu ajouter quelque chose – non
Je te remercie pour cette interview en espérant que le plaisir a été mutuel – oui

3. Qui est C ?

C est un collège d'esprits qui à l'origine était ancré à Rocamadour. Ces esprits forment une sorte de 'Think Tank' avec un large éventail de sujets d'étude et de recherche. Ceci est le 4ème livre que j'écris en coopération avec eux. Leur cercle intérieur comprend 12 membres permanents en plus des 56 non-permanents.

Les 12 membres permanents

Dont 9 ont été incarnés sur terre au moins une fois, 7 d'entre eux en tant que chrétiens : le pape Léon IX (11ème siècle), 4 saints : St. Amadour (1er siècle), St. Alain de Lavaur (7ème siècle), 2 en tant que femme – Christiane de la Sainte Croix, IT (14ème siècle), ainsi que Sainte Hildegarde de Bingen (12ème siècle). Ils comptent dans leur rang aussi un ancien Rinpoche du bouddhisme Tibétain (Lama Gendune) qui enseignait et résidait en Dordogne. Une scientifique (Marie Curie, qui entre autres utilisait la radiesthésie) ; 3 des membres n'ont jamais été incarnés sur terre : la reine Déva du Sud-ouest de la France, 2 extraterrestres (un maître venant de Pégase, et une femme maître venant d'Arcturus).

Ce collège C commença à opérer en 1026 sur l'initiative de la reine Déva. Jusque vers l'an 2000 sa principale tâche consistait à enseigner les âmes des défunts, qui dans l'au-delà ressentaient le besoin de retourner au lieu de pèlerinage de Rocamadour qu'ils avaient connu dans leur vie précédente. A partir d'environ 2006 C a élargi considérablement ses activités. Ceci l'amena à faire évoluer leur organisation vers ce qu'on nomme un 'Think Tank', une université d'idées, un lieu de savoir et de recherche, attirant toutes sortes d'êtres et spécialistes. C n'est rattaché à aucune religion particulière. Ils insistent récemment pour ne pas représenter une seule religion et de ne plus être particulièrement attachés à Rocamadour.

Les 56 membres non-permanents

Parmi ces membres il y a Ignace de Loyola, Amon, le Christ, de très grands êtres élémentaux, etc. C compte 12 femmes*, 42 hommes*, dont 8 extraterrestres de la confédération de lumière. Parmi les membres non-permanents nombreux sont les scientifiques, quelques êtres angéliques de la sphère 12 (les Archaï) ainsi que l'ange de la nation française.

*) même si cette polarité n'a pas la même signification pour tous dans ces sphères spirituelles.

4. Méthodologie

Faisant des recherches sur l'invisible, une rigueur particulière s'impose. Même si cet invisible ne se laisse que marginalement mesurer ou voir, on ne peut pas raconter n'importe quoi. Mais comment communiquer sur l'invisible et surtout comment vérifier nos sources et nos perceptions ? Nous ne sommes pas entièrement dépourvus d'outils valables.

Mes méthodes d'observation sont principalement la psychométrie (une perception tri dimensionnelle de structures d'énergie à distance), la perception énergétique par les mains, la localisation d'énergie ainsi que le dialogue avec des êtres invisibles à l'aide du lobe-antenne Hartmann, mais également le ressenti et la vue.

L'énergie et ses manifestations sont le langage des êtres de la dimension invisible : lignes, points, croix, cercles, carrés, colonnes, …

Comme dans notre vie de tous les jours vérifions : Nos interlocuteurs sont-ils à la recherche de pouvoir ou de gain matériel ? Y a-t-il sagesse et compassion dans ce qu'ils disent ? Respectent-ils mon libre arbitre ?

Assurer la qualité

Est-ce que nos recherches contribuent à améliorer notre contact avec le spirituel, le champ divin, et de ce fait concourent à une meilleure compréhension des causes ; nos résultats nous élèvent-ils ? Sont-ils **cohérents** ? Est-ce que les esprits (notre source) ne se contredisent pas ? Les réponses restent-elles consistantes, équivalentes, raisonnables sur une période, et ne contredisent-elles pas notre compréhension logique ?

Sont-ils **progressifs** ? La contribution des esprits nous fait avancer, nous ne tournons pas en rond sur nous-mêmes. Leurs informations nous apportent de réelles avancées et compréhensions ; elles sont utiles pour l'individu ou pour la société. L'accumulation d'informations curieuses en elles-mêmes ne me suffit pas.

Sont-ils **indépendants** ? Dans quelle mesure nos interprétations sont-elles le résultat de codes de groupe bien rodés, sont-elles influencées ou colorées par un groupe ou une autorité ?

Notre source est-elle **vérifiable** ? Est-elle ouverte à nous renseigner sur elle-même ? Y a-t-il un moyen pour vérifier notre source par d'autres perceptions supérieures comme la clairvoyance, la clair audience, la psychométrie, le discernement spirituel, le ressenti intuitif de la justesse ou par le dialogue avec d'autres chercheurs ?

Davantage de réflexions sur la méthodologie se trouvent sur mon site web.

A la question comment entrer en contact avec une source fiable, je ne connais que le dépassement de l'égo, c.à.d. l'acceptation sincère de nous-mêmes. Ce sont nos partenaires invisibles qui viennent vers nous le moment voulu. Ce ne serait que notre égo qui voudrait forcer. Il n'y parviendrait jamais sauf à créer des illusions.

5. Liste de lieux sacrés et d'églises (pages suivantes)
*) ceux marqués par un astérisque ont la présence de l'énergie de la Vierge Noire. Les unités de Bovis sont par 1000 UB.
dru = cercles druidiques ; degrés = écart par rapport à l'axe est-ouest

Lieux sacrés et leurs mandalas énergétiques

Lieu	Taux min/max U Bovis	Type	Cercles Trônes 4	Cercles Trônes 3	dru	Croisement de lignes No 10	8	7	6	3	Hors d'usage depuis	degrés
Aix la Chapelle	40'	cathédrale				+	x					
Alaise Eternoz	50'	site	o		3	+	x				52 av. JC	
Alas (24)	20'	chapelle							6			+20°
Alas-les-Mines	22'	église								3		-18°
Angoulême	43'	cathédrale								3		-21°
Amiens	28'	cathédrale				+	x					
Aramore IRL	25'	cathédrale				+	x					
Assisi Francis I	60'	basilique								3		
Assisi Sta Chiara	28'	basilique		o		+	x					
Assisi	29'	cathédrale	o			+	x					
Atlantide Cité	60'	Site océan Atlant.					x				21 000 BC	
Auschwitz PL	6.8'	Camp Nazi	o			+	x					
Mt. Athos GR	45'	Montagne	o			+	x					
Bajouliere La	60'	Dolmen		o		+	x		6		1450 !	
Bamberg Alm.	28'	cathédrale	o				x					
Barcelona Ste Maria d M	46'	basilique				+	x					
Bars (24)	41'	église								3		-20°
Bayeux	22'	cathédrale					x					
Beaune	30'	cathédrale		o			x					
Beauvais	22'	cathédrale										
Belogradtchik	29'	monastère				+						
Berchtesgaden	81'	Maison Nazi				+						
Bézenac	26'	église					x					
Bolec Serbie	43'	site				+	x		6			
Brodgar Orkneys	60'	Stone circle					x					
Bucarest Bulg.	22'	Parlement		o		+	x					
Bugarach	30'	Montagne				+			6			
Bugue, Le	38'	Eglise St Jacques								3		-15°
Cashel IRL	37'	église en ruine										-4°
Cadbury	53'	Castle oppidum	o			+			6			
Caen	30'	cathédrale										
Cales (24)	32'	église							6			+20°
Calonicio I	42'	chapelle				+			6			
Cambrai	35'	cathédrale							6			
Caneda, La	20'	église templier							6			+15°
Carlux	32'	Eglise St Catherine										-17°
Carnac	120'	Site pt. jaune										
Carnac	24'	Chapelle St Michel		3					6			
Carsac Aillac	16'	église site druid		2		+			6		140 AD	
Caro	40'	église Brocéliande		3		+			6			+14°
Cavaillon	22'	cathédrale								3		-10°

Daniel Perret – Guérir la Terre

Lieu	Taux	Type	4	3	dr	10	8	7	6	3	Hors d'usage depuis	degrés
Cazenac Beynac	22'/72'	église site druid		3	+	x			6		175 AD	-16°
Cenac St. Julien	24'	Prieuré site druid		2	+				6		133 AD	
Chartres	55'/850'	cathédrale	o		+		x					
Cheylard	50'/170'	Montagne		o	3	+	x		6			
Clairvaux	22'	abbaye			+							
Clonfert IRL	20'	cathédrale			+	x			6			
Clonmacnoise	28'	abbaye IRL			+						1552	
Cluny	55'	abbaye			+	x						-18°
Cologne D	45'	cathédrale			+	x						
Corboulo	46'	Chap. St. André								3		-2°
Côte de Jor St. Léon s/Vézère	26'/300'	Site bouddhiste la bibliothèque	o		+							
Cruas	24'	abbatiale								3		-10°
Crucuno	20'	Chapelle St. Antoine			+				6			+33°
Crucuno	72'	quadrilatère								3		
Czestochowa	30'	Vierge Noire	o				x					
Daoulas	43'	St. Roch chapelle			+		x					30°
Daoulas	180'	Croix ch. St. Roch							6	3		
Daubèze Lot et G	28'	Ancien site		o			x				3.200 ans	
Dresde	28'	Frauenkirche	o									-13°
Einsiedeln	24'	monastère	o						6			
Eleusis GR	113'	école	o	3							2.530 ans	
Evreux	24'	cathédrale					x					
Fatima P	20'	sanctuaire	o									
Faouët, Le	33'	Chap. St. Fiacre								3		
Foggia I	40'	Site Padre Pio										
Fontevraud	22'	abbaye		o								
Fribourg CH	28'	cathédrale	o				x					
Geroskipu GR	14'	Church of Christ								3		-20°
Gloucester GB	30'	Cathédrale			+							
Goldswil Interlaken	37'	Kirchenruine										
Guilvinec, Le	72'	Chap. St Trémeur			+				6	3		
Heuneburg D	35'	Site celte			+				6			
Holyhead Island GB	60'	Ancien site	o		+	x			6	3	13.300 age	-13°
Hovedgård DK	42'/550''	Site	o		3		x					
Hovedgård DK	253'/+++	Ignacio H C										
Jerpoint abbey IRL	18'	abbaye					x		6			
Mt. Kéa Hawaï	40'	Montagne	o									
Kernascleden	73'	Eglise N.D.								3		
Kermaria	43'	chapelle			+			x		3		-15°
Krindenhubel CH	28'	Montagne		o			x				100 av. JC	
Landunvez	64'	Chap. St. Samson			+					3		
Landunvez	32'	Chap. N.D Bon Secours							6			+20°
Lannion	63'	Chap. Kerfons								3		-11°
Laon, Rouen	12'	cathédrale										

Lieu	Taux	Type	4	3	dr	10	8	7	6	3	Hors d'usage depuis	degrés
Lassois st Marce	19'	Montagne		o								
Lavau Troie	165'	Site celte				+			6			
Ledonoa E	20'	abbaye		o								
Lenzburg	68'	castle		o	3	+			6			
Lhassa Tibet	26' (60')	Potala palais				+	x					
Limeuil	25'	St. Martin site dr			2	+			6		125 AD	
Lourdes	28'	basilique	o					x				
Low Mountain	26'	Mont Navajo	o									
Luxor EGYPTE	2' !!	école			3						3 030 ans	
Magdebourg	24'	cathédrale					x			3		-10°
Maiden castle	13' !!	Opidum celte				+			6			
Marcilhac s cée	28'	Opidum celte				+			6			
Marcillac St. Q	12'-16'	église				+				3		
Maulbronn	30'	abbaye				+			6			
Menez Bre Mt.	51'	Chap. St. Herve	o		3	+			6			+15°
Meyrals	24'	église site dru d.			2	+			6		25 AD	
Moissac	28'	abbaye				+			6			
Montpellier	40'	cathédrale				+			6			
Mont St. Michel	61'	abbaye	o			+			6			
Montserrat	30'	basilique	o			+	x					
Montserrat	50'	Chapelle V. Noire	o			+	x					
Moulins .	24'	cathédrale				+			6			
Moustier (24)	26'	église					x					
Nantes	24'	cathédrale				+			6			+14°
Neuschwanstein	24'	château				+		1				
Newgrange IRL	30'	site	o			+	x	x	6		Env. an 69	
Mt. Olympe GR	33'	Montagne	-			+	x					
Mt. Olympe CY	29'	Montagne	o			+						
Orvieto	10'	église								3		-10°
Paris Sacre Coeur	28'	basilique				+	x					
Paris Notre Dame	49'	cathédrale				+						
Paris Pont St. Louis	38'	Site	o							3	160 AD	
Paris Sainte Chapelle	68'	chapelle					x	x	x			
Peyrillac-et-Millac	24'	église								3		-13°
Pleumeur-Bodou	51'	chapelle							6			
Pleyber-Christ	63'	église				+			6	3		-12°
Pont-Aven	31'	Chap. Trémalo							6			
Ploumanac'h	43'	Chap. 'Clarté				+	x			3		-6°
Port Blanc	63'	chapelle				+			6	3		-17°
Puy de Dôme	37'	Montagne		o			x				Env. an 160	-15°
Puy Sancy	40'	Montagne		o				x			Env. an 360	-13°
Quimper	20'	cathédrale								3		-10° !
Redon Espic	42'	église						x				
Reichenau	35'	abbaye		o		+				3		
Reims	26'	cathédrale						x				

Lieu	Taux	Type	4	3	ar	10	8	7	6	3	Hors d'us-age depuis	degrés
Rennes-le-Châ.	53'	Mont à l'ouest				+			6			
Rocamadour	29'	basilique					x					
Rocamadour	40'	Chapelle V.N.			o	+	x					
Rome St.Clément	22'	église				+			6			
Rome StJB du Latran	28'	basilique							6			
Rome Rome cavalier	7'	Not used today	o									
Rosenburg	62'	Elisabethen chap.				+			6			
Rosenburg	60'	Schloss				+			6			
Salles de Belvès	22'	église							6			
Saint-Gonéry	43'/800'	chapelle		3		+			6	3		
Sainte Marie d l M	63'	église	o			+				3		
Sarlat	24'/9'	cathédrale							6			
Savennières	20'	Site Druidique				+	x					
St. Jacut de la Mer	51'	abbaye	o	x								
St. Jacut de la Mer	81'	ND église						x				
St. Léon S/Véz.	22'/180'	église site druid.				+			6			
St. Gall CH	50'/320'	Monastère			o	+	x		6			
St. Julien de Cenac	20'	église site druid.				+			6			
St. Péran	42'	Eglise Brocéliande		3		+			6			
St. Vincent a/ cosse	45'	église site druid.		3		+			6			
Senlis	22'	cathédrale					x					
Sergeac	42'/820''	Eiwa, Berboules	o	3		+		x	6		290 AD	
Sergeac	16'	église						7				
Skofja Loka sve	22'	église	o	3				x			416 AD	
Mt. Shasta	92'	Montagne				+	x					
Mt. Sinaï	60'	Montagne	o									
St. Catarina	60'	Monastère Sinaï				+						
Stonehenge	50'	site	o			+				3		
Strasbourg	20'	cathédrale					x					
Tamniès	24'	Eglise 12ème								3		-15°
Terrasson Lavitediev	36'	Champ site						6				
Tremolat	30'	église								3		-11°
Triquet Island	56'	Site CND	o			+		x			12'000 BC	
Tuileries. Paris	29'	Grand Bassin				+		x				
Tursac	45'	église						x				
Tursac Madeleine	60'/165'	site									En l'an 35	
Vézac	16'	église								3		-11°
Vézelay	40'	abbaye	o	3			x					
Vienne Autr.	28'	cathédrale				+						
Villiers Belgique	40'	abbaye		o				x			1796	
Vitrac	24'	église site druid.				+			6			
Wahlern	48'	Chapelle au nord		3								
Walhalla Allm.	28'	Hall of fame	o					x				
Westminster	50'	cathédrale								3		

6. Quelques points au-dessus de la tête

Voici l'explication de quelques-uns des points mentionnés dans ce livre au sujet des soins à distance et des méditations sur l'énergie (illustration page 40). La description des points en-dessous des pieds se trouve 4.1.3. Pour les contacter il n'y a qu'un seul moyen réel, c'est de rentrer dans une perception ressentie. Notre intellect seul n'y arrivera jamais. Même s'il ne s'agit que d'un seul point sur le faisceau central, nous pouvons, dans le cadre des méditations sur l'énergie, les dédoubler en gauche/droite afin d'obtenir le triangle requis.

Point d'essence supérieure
Jusqu'ici, en venant depuis le bas et notre corps physique, nous sommes dans la zone d'individualité. Ce point est essentiellement identique à notre moi supérieur, même s'il y a aussi des influences divines. Ces impulsions d'ordre divin proviennent de tout le champ divin ; elles comprennent ainsi également toute la hiérarchie des anges et des guides spirituels.

Point d'individualité
Ce point se trouve à l'intersection essentielle entre le faisceau vertical et l'aura spirituelle de l'être humain. Celle-ci fait encore partie de ce que je nomme l'aura intérieure et contient les qualités spirituelles de l'individu [4]. Ce point ne contient aucune émotion douloureuse ni autres caractéristiques de l'égo. Il est une porte vers la dimension spirituelle, vers notre aura extérieure, vers les dimensions de notre âme intemporelle et de la conscience supérieure. Le contact avec ce point et l'aura spirituelle permet de faire descendre ces aspects spirituels dans notre vie.

Le contact avec ce point n'est pas toujours facile, car, pour y accéder, nous devons passer par notre aura astrale et ses charges émotionnelles. Il s'agit essentiellement d'émotions concernant notre contact avec le spirituel. Je l'ai nommé le 'chantier du haut'. Afin d'atteindre ces aspects spirituels du point d'individualité et au-delà, nous devons relever le défi et regarder de près nos obstacles personnels concernant le spirituel.

Zone de focalisation
Elle se trouve juste au-dessus de la bordure de l'aura mentale et forme une zone d'énergie ressemblant à une pizza. Se trouvant dans notre aura astrale elle y rassemble nos émotions douloureuses concernant le spirituel : désespoir, dépression, frustrations, sens d'infériorité, colère envers l'église, refus de nos qualités spirituelles à nous, etc. (voir dessin page 41)

L'aura mentale et son potentiel
L'activité intellectuelle se situe dans le mental inférieur ; elle est souvent lourdement teintée par nos ambitions et émotions. Cette activité cependant ne comprend que 5 % de notre potentiel mental. Les 95% restants font partie du mental supérieur et représentent un potentiel largement sous-exploité. Le mental supérieur n'est pas sous l'influence de l'égo et comprend entre autres :

- **clairvoyance** supérieure (symboles, images, scènes et personnages d'autres endroits ou époques)
- **clair audience** supérieure (paroles, mots, canalisations)
- **psychométrie** (radar sensoriel, perception à distance de structures énergétiques, le sens supérieur du toucher)
- **sentiments supérieurs** (discernement spirituel, ressenti de différences entre deux objets invisibles d'observation)
- **intuitions** (savoir instantané, idées subites)
- **inspirations** (provenant des 21 niveaux ou sphères spirituels)

7. Les 4 couches de l'éthérique

Leurs fonctions

Éther chimique   construit la matière et nourrit les cellules. L'éther chimique est fortement lié au métabolisme ainsi qu'à l'évacuation d'énergie déjà utilisée. Il est prédominant dans le bas du corps à cause de l'importance de cette partie dans l'évacuation d'énergie inutile, l'élimination des déchets de la digestion, la menstruation, émotions, etc.

Éther de lumière   contenant l'énergie du Saint Esprit d'amour, vérité et lumière qui crée la vie et est responsable de la vitalité. L'éther de lumière est cette partie en nous, où nous savons ce que nous ressentons sincèrement ; c'est aussi le plan et gabarit lumineux, vaisseau qui sera rempli par la matière à l'aide de l'éther chimique

Éther de Vie   la mémoire et les impressions de la vie par nos sens y sont enregistrées
- intérieur   nos cinq sens habituels
- extérieur   mémoire, savoir, sagesse personnelle de l'humain

Éther réflecteur
- inférieur   mémoire, savoir et sagesse de la terre
- moyen   sentiments entre les humains, équilibre et harmonie avec le Tout, paix intérieure
- extérieur   contact avec l'univers, le divin, inspiration, intuitions

voir p. 34 et 35 dans [5]

La localisation des 4 couches de l'éthérique

	la terre	plantes	animaux	les humains
Éther chimique	>1m au dessus	à l'intérieur	à l'intérieur	à l'intérieur
Éther de lumière	à l'intérieur + >14 cm au dessus	à l'intérieur + gabarit des feuilles	à l'intérieur	à l'intérieur
Éther de Vie	de 18 cm sous surface = l'humus	> env. 15 cm	> env. 15 cm au dessus du physique	> env. 15 cm
	> 175m au dessus			
Réflecteur				
Inférieur	175m – 200m	15-35 cm	15-35 cm	15-35 cm
moyen	200m – 300m	35-53 cm	35-53 cm	35-53 cm
extérieur	300m – 1000m	53-68 cm	53-68 cm	53-68 cm

> = veux dire 'jusqu'à'
'intérieur' et 'au dessus' : 'à l'intérieur ou au dessus du physique'

Tout est spirituel, tout a un esprit,
tout a été apporté ici par le Créateur, l'unique Créateur.

Floyd Red Crow Westerman, indien Hopi

8. Les sept niveaux de compréhension et d'abstraction

Il s'agit de niveaux de pensée et de conceptualisation, mais aussi de niveaux de perception et de compréhension. Afin de parler de la même chose, il faut s'assurer de parler d'un même niveau de pensée. Nous pouvons utiliser la métaphore de 7 terrasses successives avec vues sur une plaine en montant sur une montagne. Le premier étant le niveau de la plaine elle-même, le niveau 'physique'. Le deuxième niveau se situant au niveau de l'énergie éthérique, des structures d'énergie de la plaine. Plus nous montons, plus nous avons une vue d'ensemble, comprenant l'organisation derrière les phénomènes. La meilleure vue s'offrant à nous depuis le sommet. Ainsi la physique des mécaniques opère au niveau physique, matériel. La physique quantique, elle, opère à un niveau supérieur d'abstraction et de compréhension. Le niveau 7 n'étant pas vraiment compréhensible pour nous.

1. physique   l'organisation des manifestations physiques
2. éthérique   façon de penser des élémentaux, Dévas, anges d'églises, etc. **grilles No 1-3,** zodiaque autour d'une maison
3. Spirituel 1   notre **alphabet ;** anges du paysage, Les mathématiques se situent aux niveaux 3-6 selon leur niveau d'abstraction. 'Temples ou écrins du paysage' allemands
4. Spirituel 2   **hiéroglyphes égyptiens**, pictogrammes, idéogrammes chinois. Physique quantique, zodiaque de pays, Pensée d'anges régionaux, ange d'une nation, heptagrammes des villes et villages
5. Spirituel 3   **grilles 6, 7, 8,** anges des continent, du monde **Symboles de l'énergie : + ∆ • — O**
6. Spirituel 4   anges des sphères 11-15, ce schéma-ci des 7 Niveaux, heptagrammes de coopération
7. Spirituel 5   êtres des sphères 16-21, Le Créateur, La Vierge Noire, Séraphins, Chérubins, Trônes, etc. **Grilles mentale No 10 et spirituelle 12**

9. Mot de la fin du Dagda

L'art de poser les bonnes questions nous fait avancer. Cela commence par le fait qu'une certaine question vienne à notre esprit. Ayant passé par toutes les phases du travail de soins à l'aide du cristal et ne les voyant plus depuis un certain temps, je voulais savoir ce qui était advenu des Dévas, anges du paysage et tous les autres êtres et leurs lignes de communications vers le cristal. J'ai demandé au Dagda s'il pouvait me montrer toutes les lignes qui aujourd'hui étaient en contact avec le cristal, sans que nécessairement je les voie toutes. Le Dagda me confirma qu'il restait et continuerait à accompagner le travail de soins avec le cristal. Il était apparu tout au début du travail avec le cristal et se montra donc à nouveau maintenant. La boucle était bouclée. Les lignes sont perceptibles lorsque nous le demandons et restent présentes à un niveau imperceptible le reste du temps. Mais dès lors qu'un champ d'énergie particulier (des Dévas, Anges, élémentaux, etc.) s'est établi elles se retirent en arrière-plan. Pour finir il ne restait plus que la ligne (et cercle) de la guérison globale. Cela rappelle les 'autres lignes' sous 3.5.2. qui nous apparaissent uniquement dans la mesure où nous nous y intéressons. Personnellement je vérifie à chaque soin à distance avec le cristal si aujourd'hui il y a un être particulier cherchant à expliquer son cas. Voici la photo du cristal avec la situation simultanée des lignes à un jour particulier :

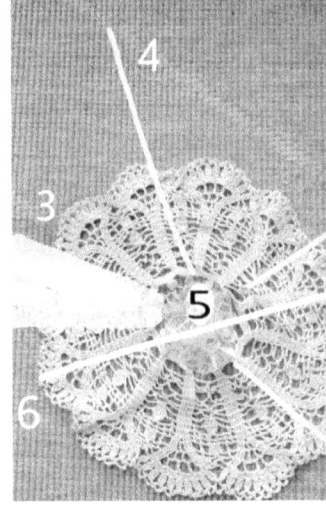

1. Déva de parcelle
2. Ange du paysage
3. très grand élémental
4. guérison globale
5. le cristal
6. la connexion globale

Daniel Perret – Guérir la Terre

Bibliographie

1) les cahiers de Flensburg. Flensburgerhefte.de en 25 ans ont publié 40 livres d'interviews avec des esprits de la nature.
2) Marko Pogacnik: ‚Elementarwesen', AT Verlag 2007
3) Marko Pogacnik: ‚Das geheime Leben der Erde', AT Verlag, 2008
4) D. Perret: ‚La Science de la Guérison Spirituelle, Vol. I', BoD
5) D. Perret: ‚La Grande Etendue de l'Être', BoD
6) D. Perret: ‚Un Pont vers le Ciel', BoD
7) D. Perret: ‚L'Accès aux Mondes invisibles', BoD Verlag
8) The Return of the Black Madonna: A Sign of Our Time, M.Fox 2006
9) D. Perret: 'Créer de l'Art Divin', BoD
10) Max Grütter : Titel ‚Tausendjährige Kirchen am Thuner- und Brienzersee', Verlag Paul Haupt, Bern. 1956
11) Michael Newton: ‚Souvenirs de l'au-delà', Jardin des livres, 2008
12) Xavier Guichard ‚Eleusis-Alésia - *Enquête sur les origines de la civilisation européenne*', 1936
13) Jane Roberts : 'Seth, événements collectifs - Un choix individuel', Editions de Montage, 1990
14) Joël Goldsmith : 'L'art de la Guérison Spirituelle', Astra, 1998
15) Ignatius Healing Center, Danemark, Eva Høffding
16) D. Perret : 'Die Evolution einer Seele', BoD, 2018
17) D. Perret : ‚La musique comme cheminement mystique', BoD,
18) Claude et Lydia Bourguignon : Le sol, la terre et les champs, 2015, Editions Sang de la Terre

Photos et Illustrations
vues aériennes : Google Maps
illustrations sur les vues aériennes : D. Perret
illustrations : D. Perret
Quand rien d'autre n'est mentionné les photos sont de: D. Perret

Glossaire

Voir aussi la table des matières

Âge de Bronze	126, 127, 167, 184
Âge de Fer	127
Alésia	58, 101, 115, 177, 178, 211
Ancrage	64, 67, 77, 88, 89, 92, 132, 163
Archaï	65, 228, 239, 251
Aspects nobles de l'univers	57
Belgique	99, 106, 142, 167
Bovis, unités de	135, 147, 185, 221, 227, 252
Carré magique	72, 183, 184,185, 187
Catégories des lieux sacrés	138, 140
Celte	85, 101, 144, 212, 239
Centrale nucléaire	155, 198, 199, 206
Cercles de Trônes	114, 115, 141-146, 169, 189, 211, 213
Chakras	12, 14, 28, 39, 47, 53, 58, 71, 78, 88-90, 117, 160, 162, 190, 203, 230
Chérubins	65, 110, 138, 141, 240, 261
Colonne d'énergie	13, 48, 59, 70, 97, 102, 120, 150
Cosmo-tellurique	48, 120, 135, 185
Courant vertical	52-54, 109, 186, 203, 204, 207, 209, 234, 257
Cristal	97, 98, 101, 124, 151,196-201
Czestochowa	189, 213
Dakinis	101
Déméter	17, 116, 211
Dominations	65, 102, 238, 240
Droits de la nature	25
Druides	58, 114,-119, 128, 141, 211, 252
Ecoles des mystères	58, 115, 177
Ecrins du paysage	76, 261
Effet capillaire	83, 84

Egrégore	176, 184-186, 242
Egypte	58, 59, 115, 118, 176, 210, 211
Élémentaux 'christiques'	79, 82, 85, 90, 91, 183, 194, 222, 244, 247
Élémentaux de l'*air*	79, 85, 90, 222
Élémentaux de l'*eau*	34, 61, 79, 89, 91, 112, 205, 222
Élémentaux de la *terre*	88, 176, 210, 222
Élémentaux du 5ème type	voir Élémentaux 'christiques'
Élémentaux du *feu*	27, 82, 86-88, 121, 160, 203-205, 222, 232
Eléments, les cinq	51, 58, 79, 86, 159, 230, 233
Eleusis	58, 115-119, 177, 211, 263
Elfes, grands	132, 152, 153, 239
Elfes, petites	152, 225, 239
Energie d'un lieu	73, 122, 136, 138, 140, 144, 165, 167, 184-5
Energie ou dimension divine	48, 54, 64-68, 102, 109, 139-142
Energie mentale	13, 21, 91, 130, 135, 207, 258
Esprit	29, 31, 34, 49, 50, 64, 68, 70, 73, 79, 91, 105, 136, 145, 149, 193
Esprit de la terre	176
Esprit de maison	156
Esprit du son	156, 157
Éther chimique	43, 81, 84, 85, 100, 111, 113, 121, 122, 259, 260
Ether de chaleur, réflecteur	42-43, 81, 84, 113, 121, 215 240, 259, 260
Éther de lumière	43, 81, 84, 85, 94, 100, 113, 121, 126, 259, 260
Éthers de vie	43, 91, 113, 121, 259, 260
Etres de lumière	64, 66, 71, 149, 151, 239
Faisceau central, vertical	51-54, 186, 203, 204, 207, 209, 233, 257
Gaïa	17, 174, 176

Géant	152, 153
Gnomes	79, 82, 91, 100, 244
Grille mentale	130-132, 261
Guérir	139, 159, 161, 181, 191, 219
Hadès	55, 116
Harmonie	12, 17, 29, 35, 38, 51, 72, 73, 91, 97, 100, 140, 153, 159, 162, 197, 217, 239, 240, 259
Heptagramme	76-78, 261
Hiérarchie	14, 36, 48-51, 61-66, 71, 91, 94, 99, 100, 102, 110, 132
Hopi, prière	59
Initiation	58, 114-118, 141, 211
Insectes	23, 149, 153, 199
Interview	22, 30, 68, 150, 152, 242
Irlande	101, 144, 239,
Kali	143, 144, 239, 241
Kyriotetes	65, 78, 184, 185, 193, 228, 238, 240, 247
Leylines	135
Libre arbitre	15, 30, 34, 51, 64, 66, 69, 106, 149, 155, 158, 183, 189, 220, 241, 249, 251
Lignes de force	20, 84,
Lignes de l'esprit	136
Linky	204
Magicien	150, 225
Map Art des Zunis	19, 233
Monde magique	51, 149-152
Monde mythologique	51, 152
Néolithique	126, 135, 137, 143, 166, 168
Ondines	61, 79, 82-84, 92, 93, 100, 196
Orientation des édifices sacrés	124-132, 137, 170, 171, 211
Pégase, êtres de	102, 154, 155, 203, 250

Perséphone	116
Point étoile	48, 119-122
Pratique de générosité	236
Puissances / Exusiai	65, 149, 203, 207, 240
Purificateur d'eau	61
Reine des Dévas	92, 94, 99, 100, 106, 143, 250
Reine Noire	143, 144
Reines, les quatre …	143-145, 183, 241
Sacré	19, 53, 66, 71, 114, 126, 136, 139-145, 159, 165, 167, 183
Sainte Bridget	143, 144, 239, 241
Salamandres	79, 82, 84, 244
Sanar	139, 219
Sensibles, êtres …	11, 20-23, 33-37, 51, 60, 65, 79, 140, 157, 159
Séraphins	65, 138, 141, 209, 231, 240, 261
Sophia	143-145, 239
Spirituel, l'approche…	14-16, 28, 34, 39, 67, 70, 77, 94, 158, 192, 237-241
Suisse	58, 76, 82, 85, 90, 99, 100, 107, 118, 125, 130, 142, 147, 166, 198
Sylphes	79, 82, 85, 100, 244
Thèbes	210
Think Tank	17, 250
Triades	94, 95,
Trônes	65, 111, 113-115, 138, 140-146, 166, 167, 169, 184, 193-4, 240
Tuatha de Danann	101
Zones d'influence	118
Zones du savoir	137

Plus je les découvre et plus je suis émerveillé par les traces visibles et invisibles du paysage : beauté, intelligence, sagesse.
Une profonde gratitude se répand ainsi que l'évidence d'être au service du Tout.
Serait-ce la clé de la guérison de la Terre ?

www.vallonperret.com
vallonperret@wanadoo.fr
danielperret.bandcamp.com

www.ingramcontent.com/pod-product-compliance
Lightning Source LLC
Chambersburg PA
CBHW050201230526
45470CB00001B/182